"十二五" 国家重点音像出版规划

《 "一村一品" 强村富民工程实用技术》 多媒体丛书

《高效益设施农业生产技术》系列

北京市农业技术推广站　王永泉　李　季　主编

平菇高效益设施栽培综合配套新技术

邓德江

中国农业出版社

图书在版编目（CIP）数据

平菇高效益设施栽培综合配套新技术 / 邓德江主编
. —北京：中国农业出版社，2011.7
（"十二五"国家重点音像出版规划，《"一村一品
"强村富民工程实用技术》多媒体丛书．高效益设施农业
生产技术系列）
ISBN 978-7-109-15810-8

Ⅰ.①平…　Ⅱ.①邓…　Ⅲ.①平菇-蔬菜园艺　Ⅳ.
①S646.1

中国版本图书馆 CIP 数据核字（2011）第 122425 号

中国农业出版社出版
（北京市朝阳区农展馆北路 2 号）
（邮政编码 100125）
责任编辑　王华勇　李　夷

中国农业出版社印刷厂印刷　　新华书店北京发行所发行
2012 年 1 月第 1 版　　2012 年 1 月北京第 1 次印刷

开本：787mm×1092mm　1/32　印张：4
字数：102 千字　　印数：1～4 000 册
定价：30.00 元
（凡本版图书出现印刷、装订错误，请向出版社发行部调换）

编写单位

北京市农业技术推广站

 编委会名单

主　编　王永泉　李　季
参　编　（按姓名笔画为序）
　　　　王铁臣　韦　强　邓德江　刘雪兰
　　　　李红岭　张丽红　张雪梅　张瑞芬
　　　　陈艳利　宗　静　赵景文　赵毓成
　　　　胡晓艳　徐　进　曹　华　商　磊
　　　　曾　雄　曾剑波　穆生奇　魏金康

 本书编写人员名单

主　编　邓德江
参　编　王贺祥　韦　强　胡晓艳　吴尚军
　　　　魏金康　孔繁建　高继海

音像制品编制人员名单

监　　制	赵立山
出品人	王华勇
制片人	李　夷
责任编辑	王华勇　李　夷
文字编辑	廖　宁
科学顾问	王永泉　李　季
技术指导	邓德江
撰　　稿	邓德江　王贺祥　韦　强
	胡晓艳　吴尚军　魏金康
协拍人员	杜三林　于仁东
摄　　像	李　夷　让宝奎　栗永刚
后期编辑	李　夷
配　　音	赵丽超
制片主任	李　夷
审　　校	王华勇　张林芳
编　　辑	王　怡　刘金华　陆　蓓

目　录

第一讲

食用菌栽培实用技术问答

食用菌概论

食用菌是最好的安全保健食品，它的生产过程是绿色的，使用的材料是绿色的，所以生产的食用菌产品也是绿色的。食用菌是一种营养丰富、味道鲜美的保健食品，食用菌蛋白质含量占干重的 19％～38％，分别比芦笋和卷心菜高 2 倍、比柑橘高 4 倍、比苹果高 12 倍，具有防癌、抗癌、防止多种疾病的功能，是一种健康长寿、无污染的绿色食品，也是一种美容食品，常吃食用菌不但可提高免疫力，还有消除面部的色斑、黄斑、雀斑，使皮肤变白、变嫩的神奇效果。

随着人们对安全、营养、保健意识的增加，食用菌生产、消费呈逐年增加的趋势，2007 年我国食用菌总产 1 680 万吨，到 2008 年增加到 1 827 万吨，人均占有 11 千克，总产占世界的 70％以上，是名副其实的食用菌生产大国。2008 年出口食用菌 68 万吨，创汇 14.5 亿美元。

我国已知食用菌有近千种，成功驯化并可以人工栽培的有百种，规模栽培的有 30 种。包括食用和药用 2 种，食用的有平菇、香菇、双孢菇三大主栽品种。

因为食用菌的安全性、营业性、保健性，联合国粮农组织推荐的最合理饮食结构为"一荤、一素、一菌"；我国有谚语"吃四条腿的（走兽）不如吃两条腿的（飞禽）、吃两条腿的（飞禽）不如吃一条腿的（食用菌）"，足以说明人们对食用菌的青睐。平菇是消费者认知度最高、消费量最大的食用菌品种，我国食用菌生产及消费南方高于北方，随着宣传力度的加大，消费者认知程度的提高，北方消费量正在逐年增加。

专题一　平菇生产及发展前景

侧耳俗称平菇，为真菌植物门真菌侧耳的子实体，又名北风菌、凤尾菇，在台湾称蚝菇，狭义仅指糙皮侧耳，是栽培广泛的食用菌。平菇是我国第一大食用菌，是被消费者普遍认可接受、消费量最大的"大众"食用菌。

平菇的生产发展很快，全国各地都有生产，生产量较大的省份有江苏、河南、山东等，年产量 60 万吨以上。平菇在室内、室外、棚室、林地都可以进行栽培。平菇有很多种栽培方式，有麦秸压块栽培、筒式栽培，棉子皮塑料袋式栽培等，现在北方多采用棉子皮塑料袋栽培。日、韩等国用塑料瓶进行工厂化栽培。

平菇菌丝生活力最强，生长快，抗逆性强，平菇是不多的可以用生料栽培的食用菌品种之一，一般农户都可以种植，栽培方法简单，栽培原料丰富，生物转化率 100%～150%，高的可达 200%，经济效益高。用棉子皮加玉米芯生产平菇，每 1 000 千克干料可生产 1 000～1 500 千克平菇，获利 1 500～3 000 元。一栋日光温室 400～500 米^2 设施可投料 10 000～15 000 千克，可获利 1.5 万～3 万元，所以种植平菇具有很好的发展前景。

专题二 平菇的营养价值

平菇含丰富的营养物质，每百克干品平菇含有蛋白质7.8克、脂肪2.3克、水分10.2克、多糖类69克、粗纤维5.6克、钙21毫克、磷220毫克、铁3.2毫克、维生素$B_1$0.12毫克、维生素$B_2$7.09毫克、尼克酸6.7毫克，还含有8种人体必需氨基酸，供人体所需，且氨基酸成分齐全、种类齐全。

平菇味甘、性温，具有追风散寒、舒筋活络的功效，用于治腰腿疼痛、手足麻木、筋络不通等病症。平菇中的蛋白多糖体、硒对癌细胞有很强的抑制作用，能增强机体免疫功能。平菇含有多种维生素及矿物质，常食平菇不仅能起到改善人体的新陈代谢，调节植物神经的作用，而且对减少人体血清胆固醇、降低血压以及防治肝炎、胃溃疡、十二指肠溃疡、高血压等有明显的效果，对降低血胆固醇和防治尿道结石也有一定效果。另外，对预防癌症、调节妇女更年期综合征、改善人体新陈代谢、增强体质都有一定的好处。

第二讲

平菇的生物学特性

专题一　平菇的形态特征

平菇的子实体丛生或叠生，由菌盖、菌褶和菌柄 3 部分组成。

一、菌盖

呈覆瓦状丛生，扇状、贝壳状、不规则的漏斗状。菌盖肉质肥厚柔软，表面颜色受光线的影响而变化，光强色深，光弱色浅。幼菇菌盖表面为淡紫色、黑灰色、灰白色、白色、浅褐色、浅黄色和粉红色等，长大以后变为黑灰色、浅灰色、白色、黄色或红色等。在人工代料栽培条件下，平菇菌盖直径一般为 5～18 厘米；覆土栽培，若培养料适宜，养分充足，管理得当，菌盖直径最大可达 20～25 厘米。

二、菌褶

白色，长短不一，长的由菌盖边缘一直延伸到菌柄，短的仅在菌盖边缘有一小段，形如扇骨。菌褶本身为一薄页，白色质脆，易折。在菌褶片上，生有许多担子，每个担子上有 4 个担子梗，每个担子梗上生 1 枚孢子，孢子长圆形或圆柱形。

三、菌柄

侧生或偏生，白色，中实，直径1～4厘米，长3～5厘米，基部长有白色短绒毛。菌柄的长短与品种、温度、光线等条件有关。同一品种，温度升高时菌柄伸长；温度低时，菌柄较短；空气条件差，氧气不足，菌柄就长。春冬温度低，菌柄粗短，近似无柄；夏秋栽培温度在20～30℃时，菌柄细长。

专题二　平菇生长发育的条件

一、营养条件

任何动物、植物生长都需要一定的营养，平菇也不例外，平菇是木腐型食用菌，可以利用很多具有纤维素和木质素的有机物质，可以作为主料使用的包括木屑、棉子皮、玉米芯、甘蔗渣、甜菜渣、葵花子壳、禾谷类秸秆；作为辅料使用的有麦麸、米糠、矿物质等，为了降低成本、提高产量，主料和辅料都可以混合使用，但要有一定的比例，不同的品种主辅料种类、不同栽培时期的混合比例都不一样。但不管使用哪种主辅料，能够满足平菇生长发育所需要的适宜碳氮比即可，平菇菌丝生长阶段的C∶N为20∶1；生殖生长阶段的C∶N为30～40∶1。要掌握栽培季节温度较低时氮的含量可适当提高一些，栽培季节温度较高时氮的比例要适当降低，避免高温季节高氮含量的培养料容易引起酸败及杂菌感染。

二、温度条件

平菇孢子形成以12～20℃为宜，孢子萌发最适温度24～28℃。

菌丝在4～35℃条件下均可生长，生长最适宜的温度是24～27℃；4℃以下或37℃以上生长极其缓慢，故菌种可在4℃左右保藏。超过40℃48小时菌丝失去活力，超过42℃2小时菌丝细胞死亡。低于0℃菌丝处于休眠状态，遇适宜温度可恢复生长，所以菌丝怕高温不怕低温。

子实体分化最适宜温度为7～22℃，变温对子实体的分化有促进作用，以15℃为中心给以7～8℃的温差，刺激菇蕾的形成，菇蕾形成后一般控制在8～15℃以利于平菇的出菇及后期的养分积累，出菇期温度可低不可高，生产上大部分时间需注意通风降温。冬季生产如果遇平菇销售价格不理想，可将温室棚膜打开，使温度降低到0℃以下停止生长，待价格合适时再升温出菇。这样既可以获得好的价格，又减少菌棒营养的浪费，使一定的营养获得最大的收益。

三、水分条件

平菇对水分要求较高，没有适宜的水分，就不能长出很好的蘑菇，首先平菇培养料的含水量控制在58%～65%，低于58%菌丝生长缓慢，发育不良，特别在生殖生长阶段不利于子实体的形成，高于65%生长也慢，因氧气少，生料栽培时遇到高温会引起厌氧杂菌大量繁殖，致使培养基变酸臭。发菌期空气湿度控制在70%左右。

子实体生长期空气湿度控制在85%～90%为宜，低于85%子实体生长缓慢，菌盖边缘细胞难以分裂，呈现黄锈色；高于90%时，菌柄徒长变长，小菇蕾发黄甚至烂掉死亡。在子实体发育过程中，需要较高的空气相对湿度，但不能恒定在一个湿度，要有湿度变化，只有这样才能保证子实

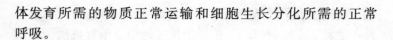

体发育所需的物质正常运输和细胞生长分化所需的正常呼吸。

四、空气条件

平菇菌丝生长时对二氧化碳的耐受力较强，二氧化碳浓度达15％～20％时仍能正常生长，但超过30％，菌丝生长速度急剧下降，注意棚室通风及菌袋打孔放气。

子实体发育不耐二氧化碳，二氧化碳浓度控制在500毫克/千克以下较理想，当菇房二氧化碳浓度高于700毫克/千克时菌柄伸长，菌盖发育受阻，因此要注意适时通风换气。白天风口不闭合，晚上在温度可以达到5℃以上时也可以不闭合风口或部分闭合。

五、光照条件

菌丝发育不需要光照，在避光的温室或闲置的空房内发菌只要可以控制好室内温度即可。子实体发育需要一定的光照条件，原基形成时需要200勒克斯光线照射12小时/天，子实体发育期需要200～500勒克斯的散射光才能满足正常发育的需求。直射光或光照太强，也不利于子实体生长，光照太强子实体颜色变深。

栽培食用菌或平菇的原则是要"要光不要日，要气不要风，要水不要浸"。管理时要采取相应的措施，既要给平菇提供适宜的、必要的光、温、湿条件，又不能超过平菇耐受的限度，做到适可而止，点到为止。

六、培养料的酸碱度

培养料在发酵或被菌丝分解利用的过程中，酸碱度会出现一定的变化，平菇菌丝在 pH 3.5～9.0 的范围内都能生长，适宜 pH 5.4～7.5，菌丝生长过程中分解有机质会释放酸性物质，使培养料 pH 逐渐降低，因此，栽培过程中常加石灰将 pH 调到 7.5～8.5，碱性环境可以抑制霉菌的滋生，夏季为抑制杂菌生长 pH 可调到 9。

专题三 平菇的品种

平菇的品种很多，不同品种对温度要求不一样，生产出的产品也有很大区别。应该根据栽培设施不同、栽培季节不同及销售渠道不同而选择不同的品种，平菇品种根据颜色分有深色（灰黑色、灰色）、浅色（灰白色、白色）品种，根据温型分有中低温型和中高温型。

目前应用较多的品种有：

一、深色品种

1. 双抗黑平 颜色较深，属于中低温出菇品种，出菇温度 2～24℃，最适温度 5～16℃，较耐低温，9 月份开始上市，菌柄硬，菌盖肥厚，表面黑色，菌褶白色细密直立，大垛叠生，菇型美观，抗病、高产、耐运输。冬季低温出菇菌盖肉更厚实。生物转化率 100%～150%。

2. 黑美 颜色较深，属于中低温出菇品种，出菇温度 2～24℃，最适温度 5～16℃，较耐低温，9 月份开始上市，菌柄硬，菌盖肥厚，表面黑色，菌褶白色细密直立，大垛叠生，菇型美观，抗病、高产、耐运输。冬季低温出菇，菌盖肉更厚实。生物转化率 100%～150%。

3. 双优抗 颜色较深，属于中低温出菇品种，出菇温度 2～24℃，最适温度 5～16℃，较耐低温，9 月份开始上市，菌柄硬，菌盖肥厚，表面黑灰色，菌褶白色细密直立，大垛叠生，菇型美观，抗病、高产、耐运输。冬季低温出菇，菌盖肉更厚实。生物转化率 100%～150%。

4. 农平 4 颜色较深，属于中低温出菇品种，出菇温度 3～25℃，最适温度 5～18℃，较耐低温，9 月份开始上市，菌柄硬，菌盖肥厚，表面灰黑色，菌褶白色细密直立，大垛叠生，菇型美观，抗病、高产、耐运输。冬季低温出菇，菌盖肉更厚实。生物转化率 100%～150%。

二、灰色品种

1. 抗病 3 号 属浅色中温型品种，出菇温度 5～25℃，最适温度 6～18℃，较耐低温，9 月底开始上市，菌柄硬，菌盖肥厚，表面浅灰黑色，菌褶白色细密直立，大垛叠生，菇型美观，抗病、高产、耐运输。冬季低温出菇，菌盖肉更厚实。生物转化率 120%～150%。

2. 抗病 2 号 属中温型品种，出菇温度 5～25℃，最适温度 6～18℃，较耐低温，9 月底开始上市，菌柄硬，菌盖肥厚，表面颜色略浅黄褐色，低温时菌盖边缘稍有卷曲，菌褶白色细密直立，大垛叠生，菇型美观，抗病、高产、耐运输。冬季低温出菇，菌盖肉更厚实。生物转化率 120%～150%。

三、白色品种

1. 特白平 属于纯白品种，可以在较高温度条件下出菇，出菇温度 6～28℃，最适温度 8～22℃，秋冬季保护地 9 月份开始上市，夏季也可以在林地或保护地遮荫条件下生产，菌柄较硬，菌盖较肥厚，表面白色或乳白色，低温时菌盖边缘略卷曲，菌褶白色细密直立，中垛叠生，菇型美观，抗病、高产，耐运输。冬季低温出菇，菌盖肉更厚实。生物转化率 80%～120%。

2. 小白玉 朵形略小，属于纯白品种，可以在较高温度条件下出菇，出菇温度 6～28℃，最适温度 8～22℃，秋冬季保护地 9 月份开始上市，夏季也可以在林地或保护地遮荫条件下生产，菌柄较硬，菌盖较肥厚，表面白色或乳白色，菌盖表面平滑，菌褶白色细密直立，中垛叠生，菇型美观，抗病、高产，耐运输。冬季低温出菇，菌盖肉更厚实。生物转化率 80%～120%。

第三讲

栽培平菇需要的设施条件

栽培食用菌必须有一定的设施条件，不同的生产季节、不同的生产目标需要的设施条件不同，秋冬季节生产需要在白天能够升温、夜晚能够保温的日光温室内进行生产，温室有普通日光温室和半地下温室 2 种，不论哪种温室一般要求温室内最低温度能够达到 5℃以上即可，要有良好的通风条件，有水、有电，交通方便，周围没有鸡舍、猪舍等动物排泄污染源，垃圾处理污染源，废水处理污染源，化工厂有毒气体及液体污染源等。周围环境干净、清洁。

一、日光温室

跨度 7～8 米，顶高 3.2～3.5 米，墙体厚度 80 厘米以上，墙体中间有珍珠岩或泡沫保温层，有棚膜、保温被或适当厚度的草帘，既有良好的采光、升温效果，又有良好的保温作用，后墙留上下 2 排通风口，可进行通风调控室内氧气及温、湿度。夏季生产需设置遮阳率 80%～90%的遮阳网，悬挂在温室上方 1 米左右的地方，起降温作用。

棚内有微喷设施或清洁水源。

二、半地下温室

就是整个温室从地面向下沉 1 米左右，减少地上散热面积，提高温室的保温效果。建温室之前从地面下挖 1 米左右，内跨度 7～8 米，内顶高 3.2～3.5 米，墙体厚度 80 厘米以上，有棚膜、保温被或适当厚度的草帘，既有良好的采光、升温效果，又有良好的保温作用，后墙留 1 排通风口，可进行通风调控室内氧气及温、湿度。温室周围建良好的排水系统，防止雨水灌到棚内造成灾害。

三、林地小拱棚

一般在行距 4～5 米，株距 3～4 米的速生林地内，树龄 4～5 年以上，在行内建宽 1.4～1.6 米的小拱棚，拱棚高 0.8～1 米，长度根据林地及管理方便与否而定，拱棚顶部设微喷设施。树龄小或树势弱的林地需张挂遮阳网。

第四讲

平菇菌种生产技术

菌种是平菇生产中的重要因素之一，关系到整个生产的成败及产量的高低，平菇菌种生产一般需要 3 级菌种，即母种、原种和栽培种。

专题一　母种的生产技术

平菇是用孢子分离或组织分离法获得菌丝体后扩大转管制作母种，也可从有菌种销售许可证的部门购买。无论哪种方式获得菌种，大批生产前一定要做出菇试验，以检验菌种的优劣，避免给生产造成的不必要损失。

一、培养基

平菇母种分离和菌种保存宜用普通培养基（PDA），平菇菌丝在此培养基上生长速度较慢。扩大转管适宜用高粱粉培养基，配方和制作方法是：高粱粉 30 克，加 1 000 毫升蒸馏水，加 1% 琼脂，置于铝锅中加热，待琼脂充分溶化后搅匀，分装于试管，灭菌接种。平菇在高粱粉培养基上生长最快，长势均匀，菌丝旺盛。

不管是使用 PDA 培养基，还是高粱粉培养基，为了增加食用菌菌种的适应性及对培养料的分解力，在制作培养基的时候需求加进一些用棉子皮或木屑煮的水，水中可带少量的棉子皮或木屑，这样可以提早对菌种进行适应性锻炼，此法制作的菌种产量可提高 10%～30%。

二、菌种培养

分离后的平菇菌丝应放在最适宜的温度（25±2℃）培养并经过提纯、转管，一般培养 7～10 天菌丝可长满试管。如果没有出现杂菌，分离培养就算成功。但该菌株是否优良、生产价值如何，还需出菇栽培试验。

三、菌种脱毒

不管是自制的母种，还是购买的菌种，在进行栽培种扩大生产之前要进行菌种脱毒处理，即对试管种进行 2 次以上的只取生长点转管，在改变培养基营养高低的同时，进行高、低温培养工作，可以大大降低菌种带毒率，使菌种种性得到加强，从而可以提高平菇产量。

专题二　原种的生产技术

因为母种菌丝数量太少，不够用于生产，在实际生产中必须把一级种扩大繁殖成二级种（又称原种）、三级种（栽培种）才能满足生产的需要。母种的扩大繁殖过程也是菌种提纯、复壮、脱毒的过程，是生产中必不可少的也是关键的环节，必须认真对待。

一、原种培养基的制备

（一）原种培养基配方

原种培养基常以棉子壳、锯木屑、谷粒、粪草等天然物质为主料，以麸皮、玉米粉、白糖及石膏等作为辅料。原种培养基配方较多，对不同的食用菌种类应选择其适宜的配方，所用的主要基质应尽量与栽培料基质接近，有利于栽培后菌丝的萌发生长。通常分解木质素能力强的食用菌种类多采用木屑培养基，如香菇、木耳等；草腐型菌类以粪草料培养基为好；而分解纤维素能力强的食用菌种类多采用棉子壳培养基。

1. 棉子皮培养基 棉子皮 78%、麸皮 20%、蔗糖 1%、石膏 1%，含水量 60%～65%。

2. 棉子皮、木屑培养基 棉子皮 50%、木屑 32%、麸皮 15%、蔗糖 1%、石膏 1%、过磷酸钙 0.5%、尿素 0.5%，含水量 60%～65%。

3. 木屑培养基 木屑 78%、麸皮 20%、蔗糖 1%、石膏 1%，含水量 55%～60%。

4. 麦粒培养基 小麦 98%、石膏 2%。

5. 麦粒木屑（或棉子壳）培养基 小麦（或大麦、燕麦）65%、杂木屑（或棉子壳）33%、碳酸钙（或石膏粉）2%。适宜各种食用菌菌丝生长，效果与麦粒培养基相同，而加木屑后能防止麦粒结块，加快发菌并可节省小麦用量。

（二）原种培养基制作方法

原种制备多使用 750 毫升的罐头瓶，或 850 毫升的专用塑料菌种瓶。专用菌种瓶多用棉塞封口，也可用能满足滤菌和透气要求的无棉塑料盖代替；如果用罐头瓶，可用 2 层报纸和 1 层聚丙烯塑料膜封口。

1. 选定配方 根据制备菌种的种类选定配方，按配方要求分别称取各物质。

2. 培养基配制

（1）棉子壳和木屑培养基　先将蔗糖、石膏粉等可溶性辅料溶于水，倒入混合好的其他料中，充分搅拌均匀，堆闷2小时左右备用。此时用手紧握培养料，指缝间有水渗出而不下滴为宜。

（2）谷粒培养基　需要预处理，选择无病虫害的谷粒，用清水冲洗干净。小麦、大麦、燕麦浸泡12小时左右，稻谷浸泡2～3小时，玉米粒浸泡40小时左右。然后加水超过谷粒表面，煮开锅后，小火再煮5～30分钟，使谷粒充分煮透（胀而不破，切开后无白心）即可。用清水冲洗冷却，淋去谷粒表面水分，最后加入其他成分，充分搅拌均匀备用。

3. 装瓶封口　将配制好的培养基装入原种瓶中。棉子壳和木屑培养基装至瓶肩处；谷粒培养基装量适当少些。做到培养基装匀一致、松紧适度、料面平整，擦净瓶口内外壁，制备棉子壳和木屑培养基时用直径1.5～2厘米的锥形木棒在瓶中央打孔至瓶底。采用专用菌种瓶做容器的，塞上棉塞，外面用一层牛皮纸包好；采用罐头瓶做容器的，可用2层报纸和1层塑料膜封口。

4. 灭菌　分装好的原种瓶，应在当天灭菌，以免培养基发霉变质。采用各种高压灭菌器对原种培养基进行灭菌。灭菌压力为1.4～1.5千克/厘米^2，温度126℃，灭菌时间为1.5～2小时。灭菌方法和要求同母种培养基。

二、接种

（一）接种场所的消毒灭菌

接种可在无菌室、洁净工作台或接种箱内进行。将灭菌后的原种瓶及接种用的所有用具（如酒精灯、接种钩等）放入接种场所，进行消毒灭菌。方法同母种制作。

（二）接种方法

无菌操作要求与母种的转接相同。首先将母种试管外壁表面消毒后带入接种场所；点燃酒精灯，用酒精棉球再次对试管外壁表面消毒，特别是管口处；取下棉塞后，试管口在火焰上烤一下，然后用经火焰灭菌并已冷凉的接种钩将母种斜面分成 4~6 份，将其固定在接种架上，注意管口要始终在酒精灯火焰形成的无菌区内（管口离火焰约 1~2 厘米）。然后左手持原种瓶，右手取下棉塞，瓶口在火焰上烤一下，用接种钩取 1 份母种迅速准确地放入料瓶内的接种穴处，棉塞过火后塞好，包上包头纸。如此反复，每支母种可扩接原种 4~6 瓶（图 4-1）。如果用罐头瓶，接种时只能掀开封口膜的一角，尽量减少瓶口裸露面，以防杂菌侵入；两人合作既好又快。接种完毕，贴上标签或用记号笔做好标记。

三、培养

原种数量较大，常用培养室进行培养，培养条件同母种。定期检查杂菌发生情况，从培养 3~5 天开始要每天检查 1 次，当菌丝封住料面并向下深入 1~2 厘米时，可改为每周检查 1 次。发现污染的瓶立即淘汰，并隔离污染源。一般在适温下 30~40 天可发满菌瓶（谷粒菌种长速快，只需 15~20 天）。菌丝长满后，再继续培养 3~5 天，使菌丝充分积累营养，更加洁白、浓密。培养好的原种应尽快使用，也可置于低温、干燥的贮藏室短期保存。

原种长满瓶之后，应立即扩大转为栽培种，否则一旦营养耗尽，菌丝就会衰老甚至死亡。麦粒种更要及时使用。

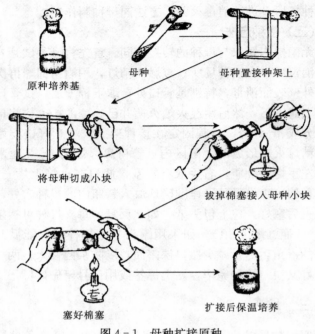

原种培养基　　　母种　　　　母种置接种架上

将母种切成小块　　　　　　拔掉棉塞接入母种小块

塞好棉塞　　　　　　扩接后保温培养

图 4－1　母种扩接原种

专题三　栽培种的生产技术

原种扩大繁殖就成栽培种，栽培种也就是直接用于大生产的生产种，又称三级种。

一、代料栽培菌种生产技术

原种转接到相同或相似的培养基上扩大培养而成的菌种叫栽培种，是直接应用于生产的菌种。栽培种使用量大，不

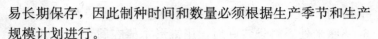

易长期保存，因此制种时间和数量必须根据生产季节和生产规模计划进行。

（一）代料栽培种培养基配方

可与原种培养基配方完全一样，也可以适当增加主料，减少辅料的用量。栽培种需求量大，需原材料也多，为便于就地取材，降低成本，除了前述列出的原种培养基配方可用于制作栽培种外，还可用以下配方。

1. 棉子壳培养基　棉子壳 88％、麸皮或米糠 10％、石膏粉或碳酸钙 2％、含水量 60％左右。

2. 玉米芯培养基　玉米芯 78％、麸皮 20％、蔗糖 1％、石膏粉 1％，含水量 65％。

3. 蔗渣培养基　蔗渣（干）78％、米糠 20％、黄豆粉（或玉米粉）1％、石膏粉 1％，水适量。

4. 玉米芯木屑培养基　玉米芯 55％、木屑 25％、麸皮 18％、石膏粉 1％、蔗糖 1％，含水量 60％～65％。

（二）栽培种培养基制作方法

可使用与原种相同的容器。由于栽培种数量大，目前生产上普遍采用塑料袋作为制作栽培种的容器。常用的塑料袋为直径 17 厘米，长 33～50 厘米的高压聚丙烯塑料袋或低压聚乙烯塑料袋。较短的料袋一端开口，每袋装干料 250～300 克；较长的料袋两端开口，每袋装干料 500 克左右。

1. 培养基配方选择与配制　根据制种需要选定配方，分别称取各物质。原材料处理和培养基配制可参照原种的制作和配方的要求进行。

2. 装瓶（袋）及封口　装瓶（袋）及封口的方法与原种的制作相同。如果以塑料袋作为容器，可以手工装料，量大时可利用装瓶、装袋两用机。装料要求松紧适度，上下均匀一致，袋壁光滑，料面平整。一般装料至距袋口6～8厘米处。料袋装好后，用锥形木棒在料中央打孔至料底，然后绑口。绑口方法有2种，一是在袋口套塑料环，将塑料膜翻下来，塞上棉塞，包上包头纸；二是直接用绳绑紧，尽量排除袋内的多余空气，防止灭菌时涨袋及灭菌后冷空气进入。

3. 灭菌　栽培种的灭菌有高压灭菌和常压灭菌2种方法。

（1）高压灭菌　同原种的灭菌。

（2）常压灭菌　采用各种常压蒸汽灭菌灶对栽培种培养基进行灭菌。将待灭菌的栽培种瓶（袋）摆放在常压蒸汽灭菌灶内的层架上，封好门；锅内加足水后开始加温，当蒸汽室内温度达到100℃时，开始计时，灭菌8～10小时以上。到时后停止加温，使其自然降温。当蒸汽室内温度降至40℃以下时，将灭菌好的栽培种取出。

（三）接种

1. 接种场所的消毒　通常在接种箱或接种室内扩接栽培种，消毒方法同原种的制作。消毒前把栽培种培养基和所有接种用具（酒精灯、接种匙或大镊子等）等一起放入接种场所消毒。

2. 接种方法　无菌操作要求与母种的转接相同。双手消毒后，用酒精棉球对原种瓶外壁进行表面消毒；拔出棉塞或去掉塑料盖后，置于瓶架上，火焰封住瓶口，用75%的酒精棉球对瓶口外壁表面消毒；接种匙或大镊子在使用前也要表面消毒，火焰灭菌，冷凉再用。

接种时，首先除去原种表面的老菌皮或菌膜；然后左手持栽培种培养基，右手拔去棉塞，按无菌操作，用大镊子把原种扒成 1～2 厘米的小块，接于栽培种培养基上 3～4 块；或用接种匙取 1 匙接种于栽培种培养基上，稍压实，瓶口和棉塞过火焰后封口（图 4-2）。

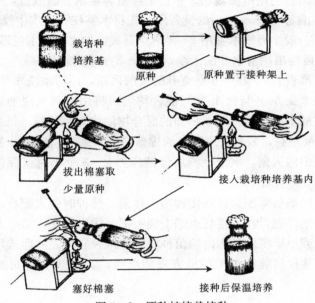

栽培种
培养基

原种

原种置于接种架上

拔出棉塞取
少量原种

接入栽培种培养基内

塞好棉塞

接种后保温培养

图 4-2　原种扩接栽培种

　　袋装培养基接种时，最好两人配合，一人负责解绳、绑绳，另一人负责接种。如果袋口直接绑绳，要注意解决袋内培养基的通气问题。一般每瓶原种可扩接栽培种 50～60瓶或 20～40 袋。

（四）培养

　　培养方法及要求同原种的制作。栽培种不易保藏，应及时使用，否则将老化或出菇。

二、木签或竹签种生产技术

购买长度 10 厘米左右的木签（或冰棍棒），如果用量大也可以自己用机械裁切，根据生产量确定木签的数量，一般应多准备 30%～50% 的量备用。先将木签在石灰水中浸泡 3 天，一般 1 万根木签用 2～3 千克石灰，加水漫过木签即可，3 天后捞出用清水冲洗干净，晾 1～2 个小时待用。

准备容积 500～600 毫升的发菌用瓶，用清水洗净待用；将玉米面 60% 与白面 40% 混合均匀，将用石灰水浸泡后清洗过的木签与玉米面、白面的混合物沾均匀后装瓶，每瓶装 120 根左右，装瓶后用洁净的棉球将瓶口塞严、塞紧。放在高压锅内灭菌，蒸至上汽后保持压力 2～3 个小时（保持压力 0.103 兆帕）。

出锅后降至常温在接种箱内接菌，接种时两人配合，一人拿瓶将瓶口在酒精灯火焰上烧一下，拔出瓶塞，另一人用镊子或小铲将原种瓶内的菌种放到栽培种瓶内，立即盖好瓶塞，接种后放在 25℃ 的地方发菌培养，20～25 天即可发满使用。

三、木条谷粒培养基

配方：木条 60%，锯末 24%，谷粒（包括小麦、高粱或谷子等粮食）15%，石膏粉 1%，pH 自然。

准备 500～600 毫升的发菌用瓶，用清水洗净待用；将玉米面 60% 与白面 40% 混合均匀，将木签与玉米面、白面的混合物沾均匀后装瓶，每瓶只装 60 根木条，剩余空间装锯末谷粒料的混合物，装瓶后用洁净的棉球塞严、塞紧，放在高压锅内灭菌，蒸至上汽后保持压力 2～3 个小时。

出锅后降至常温在接种箱内接菌，接种时两人配合，一人拿瓶将瓶口在酒精灯火焰上烧一下，拔出瓶塞，另一人用镊子或小铲将原种瓶内的菌种放到栽培种瓶内，立即盖好瓶塞，接种后放在25℃的地方发菌培养，20～25天即可发满使用。接种时除将木条插入菌棒外，在袋口再加少量谷粒锯末菌种，以提高发菌速度，发菌时间缩短以后，可提早出菇、提早上市或可以延长菌丝后熟时间，从而提高食用菌产量、增加效益。

四、液体菌种的制作

液体菌种是指采用液体培养基培养而得到的纯双核菌丝体，菌丝体在培养基中呈絮状或球体，液体菌种可以作为原种或栽培种使用。液体菌种生产周期短、菌龄整齐、菌丝繁殖快，生长过程中还可以根据菌丝体的需要中途补充养分及调节酸碱度；另外，液体菌种还便于进行机械化接种，在工厂化生产中具有明显优势；但液体菌种在运输和保藏过程中易污染，设备投资大。

目前，液体菌种的生产方式主要有2种：一种是摇床三角瓶振荡培养，另一种是利用液体发酵罐进行深层发酵培养。随着工厂化生产技术的快速发展，液体菌种发展及使用愈来愈普及。

（一）液体培养基的配方

液体培养基常用马铃薯、玉米面、豆饼粉、蔗糖及磷酸二氢钾、硫酸镁、维生素、蛋白胨、酵母浸膏等配制而成。常用配方如下：

①马铃薯100克、麸皮30克、红糖15克、葡萄糖10克、蛋白胨1.5克、磷酸二氢钾1.5克、硫酸镁0.75克、

维生素 B_1 0.1 毫克、水 1 000 毫升，pH6.5。

②马铃薯 200 克、葡萄糖 20 克、蛋白胨 2 克、磷酸二氢钾 0.5 克、硫酸镁 0.5 克、氯化钠 0.1 克、水 1 000 毫升，pH 自然。

③玉米粉 30 克、蔗糖 10 克、磷酸二氢钾 3 克、硫酸镁 1.5 克、水 1 000 毫升。

④豆饼粉 20 克、玉米粉 10 克、葡萄糖 30 克、酵母粉 5 克、碳酸钙 2 克、磷酸二氢钾 1 克、硫酸镁 0.5 克、水 1 000 毫升，pH 自然。

⑤可溶性淀粉 30～60 克、蔗糖 10 克、磷酸二氢钾 3 克、硫酸镁 3 克、酵母膏 1 克、水 1 000 毫升，pH 6。

（二）液体培养基配制

液体培养基的配制同固体母种培养基的制作，只是不加琼脂。

（三）液体菌种的制作

1. 摇床三角瓶振荡培养法 首先将制作好的 100～150 毫升培养液装入 500 毫升三角瓶内，同时放入 10～15 粒小玻璃珠；用 8～12 层纱布或透气封口膜封口，纱布或封口膜外再包一层牛皮纸。然后将三角瓶在 1.1 千克/厘米² 压力下灭菌 30 分钟，灭菌后冷却至 30℃以下。在无菌条件下接种，每支斜面母种接 10 瓶左右。接种后的三角瓶置摇床上进行振荡培养，振荡频率为 80～100 次/分钟，振幅 6～10 厘米，在适温下振荡培养 72～96 小时。培养结束时，培养液清澈透明，其中悬浮着大量的小菌丝球，并伴有各种菇类特有的香味。如果培养液混浊，大多是细菌污染所致。因菌种不同，培养液的色泽有一定差异，如平菇的培养液为浅黄色。

摇瓶菌种数量较少，一般只适用于固体菌种（主要是栽培种）的接种；摇瓶菌种也可供发酵罐接种用，或用于转接三角瓶。摇瓶培养的液体菌种，在 4℃冰箱中可保存 1～2 个月，在 15～20℃室温下可保存 7～10 天。

2. 液体深层发酵培养法 深层发酵培养是利用发酵罐生产液体菌种的方法。它包括 4 大系统，即温控系统、供气系统、冷却系统和搅拌系统。液体菌种深层发酵培养的工艺流程（图 4-3）。

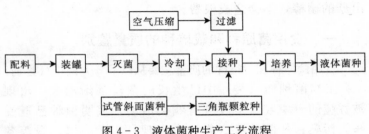

图 4-3 液体菌种生产工艺流程

首先把配制好的液体培养基装入发酵罐内，在 121℃下灭菌 30 分钟左右，然后用夹层的水冷却至培养温度；发酵罐上端有装料口，也可做接种口，将三角瓶颗粒种进瓶后在火焰圈的保护下倒入罐体内，要求动作快、操作准确；最后根据不同的菌种设定适宜的培养温度。培养期间应注意观察并做好记录，包括温度、压力、气流量等，还可随时无菌操作进行采样检查，几天后菌丝球密度合适时即为液体菌种。液体菌种老化快，不耐储藏，应尽快使用。

专题四　平菇菌种质量控制

菌丝生活力强弱与菌龄有密切关系，它直接影响到栽培的成败。菌丝生活力减弱，播种后不容易成活或菌丝生长缓慢，时间长了菌丝没布满培养料则易感染杂菌，往往造成栽培失败。所以，控制菌龄很重要，一般接种1个月之内，菌丝生活力最强。菌种长出原基时为成熟菌种，应尽快使用；原基一旦变干枯或菌丝柱收缩，瓶底出现积液时，菌种已老化，就不能再使用了，应该坚决淘汰，使用其他菌龄较短的菌种。淘汰的菌种可作为出菇的菌棒，不会造成浪费。

一、食用菌原种和栽培种的质量鉴别

食用菌原种和栽培种的质量主要从以下3方面进行鉴别：

①当菌种瓶（袋）中已生长的菌丝逐渐消失，出现被吞噬的斑块或直接发现有螨类活动，表明菌种已遭受螨类污染；凡菌种瓶（袋）中出现红、黄、黑、绿等各色杂菌孢子，瓶（袋）壁出现两种或两种以上明显不同菌丝的大大小小分割区，分割区之间有明显拮抗线，瓶（袋）中散发出各种酸败、发臭等异味，都是因为遭受了霉菌或细菌、酵母菌等杂菌侵染，应予以淘汰，并及时进行深埋或焚烧。

②当菌种瓶（袋）表面出现过厚的、致密坚韧的菌皮，菌柱萎缩、脱壁，菌丝出现自溶现象，菌种瓶（袋）底部有大量黄褐色液体沉积，菌种瓶（袋）表面及四周出现过多原基或耳芽，说明菌种老化或退化，不宜使用。

③严格剔除上述两类不合格菌种后，符合该种食用菌的基本特征，且菌丝穿透菌种瓶（袋）底部，菌丝生长均匀一致，有弹性，原种瓶（袋）内有母种块，栽培种瓶（袋）内有原种块，即为合格。

二、母种、原种和栽培种的保藏

母种外包装采用无毒、无污染、有足够硬度的坚固材质，内部采用无毒、无污染具有缓冲作用的轻质材料填满，包装物密封。在0～4℃条件下贮存，时间不超过90天；原种和栽培种外包装采用有足够强度的瓦楞纸箱，内部用无毒、无污染具有缓冲作用的轻质材料填满，密封。应尽快使用，在24℃条件下，清洁、通风、干燥（空气相对湿度60％左右）、避光的室内存放10天以内，尽快使用。在0～4℃条件下贮存，时间不超过40天。

三、使用菌种的最佳菌龄

栽培种菌龄是自接种之日开始计算的。不同种类的食用菌栽培种生长速度不同，因此，最适菌龄也就不同。但是，无论长得快慢，都是长满后的7天内是使用的最佳菌龄。这一时期正是菌种的青壮年时期，菌丝分布均匀，细胞内营养物质积累充足，生命力旺盛，转接后吃料快。菌种长满后，随着培养时间的延长，菌种逐渐老化，培养基失水，菌种干缩，活力下降。因此。栽培种菌丝长满瓶（袋）后要及时使用。

第五讲

平菇栽培技术

专题一 平菇秋冬季设施栽培新技术

平菇在一年四季都可以栽培，但最佳的栽培季节是秋冬春季，因为这个时候最适合平菇生长，只利用日光温室不用加温即可栽培平菇，这个季节栽培面积最大、投料量最多、产量最高，有时容易出现货多价抑的现象，一般在 9～11 月生产菌棒，10 月至翌年 4 月出菇。都是秋冬季栽培，但栽培方法有所不同，一般有平菇生料栽培、熟料栽培及发酵料加短时灭菌栽培 3 种方法。

一、平菇发酵料短时灭菌高效栽培新技术

（一）栽培季节

发酵料栽培是将原辅料加水掺好后，堆在露天在嗜热菌及放线菌等多种微生物的作用下进行有机物分解，将棉子皮、木屑、玉米芯等有机物分解，发酵的时候使培养料自身发热达 70～80℃，可杀死培养料内的大部分杂菌，发酵 7～10 天以上装袋，装好后对培养料进行常压短时高温灭菌，80～90℃维持 3～4 小时，此过程主要将培养料中的虫卵全部杀灭，再接平菇菌种，使平菇菌丝在基本无菌状态下生长。此方法宜在秋季 8 月初到 10 月底生产，此时温度适宜

培养料发酵，培养料内外温差小，发酵彻底，杀菌作用好。此方法使培养料由大分子有机物分解成小分子有机物，利于菌丝吸收，菌丝生长健壮，不易污染杂菌，高温可杀死培养料表层的虫卵，降低虫害的发生，可获得较高的产量。

发酵料短时灭菌栽培是较好的栽培技术，优点有：菌袋污染率极低；通过发酵使培养料有了初步分解，有利于菌丝生长，不易上病；短时灭菌可以杀死虫卵，减少虫害发生，可获得较高产量及高效益；节省灭菌时间 70%，节约人力成本；生产 5 000 袋平菇比熟料栽培用煤（1 000 千克）节省 75%，只要 250 千克即可。缺点是：需要较大的发酵场地，发酵需翻堆较费工时。

（二）品种选择

根据不同的栽培季节及销售目的，发酵料栽培应选择菌丝长势强壮，吃料迅速的黑色、灰色或白色品种，如：低温季节可以选用黑色品种有黑美、双抗黑平，灰色品种有抗病 3 号、抗病 2 号，白色品种有特白平、小白玉等及其他当地主栽品种。

（三）原辅料及配比

①棉子皮 40%～50%、玉米芯 40%～30%（玉米芯粉碎 1～4 厘米都可以）、麦麸 15%～20%、石灰 3%～4%、尿素 0.3%～0.4%、粗盐 1%～1.5%、磷酸二氢钾 0.5%、含水量 65% 左右。

②将棉子皮或阔叶树硬木木屑、粉碎的杂木枝丫等 80%，麸皮 15%～20%，尿素 0.3%～0.4%，石灰 2%～3%，石膏粉 1%，粗盐 1%～1.5%，含水量 65% 左右。

（四）发酵

玉米芯要提前用水浸泡 1～2 天，选择适当大小的地块，将场地的土整平压实，将棉子皮铺 10～15 厘米，再铺玉米芯 10～15 厘米，交叉反复铺至堆高 80～100 厘米；铺主料时分层加入麸皮、石灰、石膏、粗盐，边铺边加水，进行发酵；含水量 65％左右，pH 8～8.5，发酵结束后 pH 8.0。在堆上，每隔 40 厘米插 1 个直径 8～10 厘米的通气孔，增加氧气促进发酵，如天气较凉，前 1～3 天可加盖塑料薄膜提温促进发酵，堆内温度达 50～60℃时撤掉薄膜自然发酵；4～5 天后堆内温度达到 70～80℃时翻堆 1 次，此时堆内长满洁白浓密的放线菌，过 2～3 天再翻堆 1 次，翻 2～3 次堆，7～10 天以后可以装袋。以后可边发酵边装袋。

（五）装袋、灭菌

装袋前检查培养料含水量，含水量达到 60％～65％最佳，含水量不足的及时补充，检测方法，用手抓一把培养料，用力攥，指缝有水但不滴下为最佳。使用 22 厘米×45 厘米的筒袋，先将袋的一头用绳扎好，采用人工或机械装袋方法，保证装料松紧适度，装料过紧空气少、发菌慢，影响上市时间；装料过松，发菌速度增加了，袋内容易产生空腔，出现无用菇蕾，造成营养浪费，本身营养不足后期产量也会受到影响。

将砖平铺在地上，宽 3 米，长 3.5～4 米，顺着长度方向在砖的空隙处放 2 根用于通蒸汽的钢管与锅炉蒸汽管连接，在砖上码放菌棒，一般码宽 7 排，高 7～8 层，长度可码 25 个菌棒左右，控制在每堆 1 500 棒左右，棒与棒之间留一定的空隙，先堆放 1～2 天，外面用塑料布包好，烧锅炉、通蒸汽，使堆内培养料温度达 100℃时保持 3～4 个小时即可。此时加温主要起杀死料堆表层中的螨虫及蚊蝇虫卵作用。灭菌时间短，减少能源使用，关键是灭菌时间减少了，可降低因为灭菌过程中时间过长、人员疲劳等人为原因造成的断火引起的灭菌不彻底现象。

（六）接种

灭菌后待料温自然降至常温时接种，在洁净的棚内将菌种袋表面、接种工具及手用酒精或过氧乙酸或其他消毒剂消毒，然后接种，接种时先将料袋一端的口解开，快速将适量的菌种放入，将口扎好，再将另一端照同样的方法接种、扎口，码放一起发菌。

（七）发菌管理

平菇菌棒码放以墙式码放为主，根据当时气温决定，码放方式及高度也是根据当时温度而定，温度较高时菌棒要单排码放，中间留通风的地方，墙与墙之间留 20 厘米以上的距离，避免菌袋温度过高，墙式码放高度 8～10 层；温度较低时可减少两墙中间的距离，直到墙与墙挨到一起，墙的高度也可以增加到 12～13 层，层与层之间用 2 根竹竿隔开，并用竹竿在菌墙中间进行固定，防治菌墙倒塌。

将菌袋放在适宜的地方遮光发菌，注意通风及降温，发菌要求温度平稳，温差要小，气温以 20～25℃最好，温差不宜超过 6℃；注意及时翻堆，保持菌棒料温在 24～27℃最好，料温不能超过 30℃；当温度较低时，注意保温但要通风换气，天气预报夜温低于 15℃时，及时关闭风口保温。空气湿度控制在 50%～70%。

发菌期如果温度合适需要经过以下几个阶段：①菌丝萌发期，即接种后在适宜的条件下菌种块上长出白色绒毛状菌丝的过程，需 2～3 天。②菌丝定植期，指菌丝萌发后与培养料接触，并开始向四周辐射生长，初见菌落的过程，俗称"吃料"，需时 4～5 天。③菌丝快速生长期，指菌丝定植形成菌落后旺盛生长的过程，需 10～15 天，菌丝快速生长呼吸作用加强，产生大量热量使菌棒温度升高，翻堆应在菌丝快速生长期进行，一般 7～10 天翻第一次，过 4～5 天再翻第二次，以后每隔 4～5 天翻 1 次，直到菌丝发满。当菌丝生长长度达 3～5 厘米时注意扎眼通气，用直径 2～3 毫米的锥子在菌袋端扎 4～6 个眼，扎眼后氧气增加，菌丝的生长速度会加快，随着菌丝不断生长扎眼要进行 2～3 次。扎眼不能在没有菌丝的地方进行，以免造成杂菌污染。④菌丝后熟期，菌丝布满整个培养料表面后，还需要再培养几天，此时，菌棒表面菌丝细胞生长缓慢，有的地方出现黄水珠，需时 5～6 天，适当降温，并给以较大的温差（6～10℃）。

（八）出菇管理

菌丝达到生理成熟以后，气生菌丝倒伏，颜色变深，菌棒表面出现黄色水珠，或表面出现菌皮或原基。

1. 码垛 此时将棚内地面整平，最好在下面分排垫一些砖，将菌棒每隔 1 米左右呈墙式码 1 排，墙与墙之间留 80 厘米通道，墙高 7～9 层，最少 6 层（冬季可适当码高些、夏季略低些），码时两个菌棒之间留一些空隙，以利通气散热。码好菌墙后，降温、通风、给以散射光，棚内气温控制在 10～15℃，气温控制在 16℃以下最好，料温 20℃左右，这样才能保证均衡出菇，出的菇肉厚、质量好，且不易上病。温度过高容易造成出菇猛，出菇期过于集中，蘑菇时有时无，不利于销售及管理，也容易引起病害发生。

2. 开口 当菌丝发满成熟以后，在菌袋的一端或两端用裁纸刀划 1～2 条小口，开口出菇可控制前期出菇势头不要太猛，边开口边给以温差刺激，3～5 天后出现菇蕾，此时不要直接向菇蕾上浇水，避免将小菇蕾击死。开口出 2 潮菇以后将菌袋的一头全部割掉，继续出菇。

3. 水分管理　出菇期每天向棚内喷水 2～3 次，喷水要小、轻、勤，维持棚内湿度 85%～90%。喷水时可向地面或菌墙上直接喷，但要注意不同的时期掌握不同的喷水量及喷水方法，在平菇桑葚期及珊瑚期不要直接向小菇蕾上喷水，免得在压力及凉水的刺激下将小菇蕾冲死；在采收前不要向蘑菇上喷水，保持蘑菇干爽可延长蘑菇的贮藏期及保质期。生长的中后期，在浇水时向水里加入少量漂白粉或高锰酸钾交替使用，可有效防治平菇黄斑病。

4. 通风　平菇是对二氧化碳比较敏感的食用菌品种，二氧化碳浓度高了，就会出现只长菌柄不长菌盖的畸形菇，一般控制二氧化碳浓度不超过 500 毫克/千克，长期缺氧也会引起杂菌生长造成污染，并引发虫害发生。所以一定要注意通风换气，冬季通风也是为了控制棚内温度。

5. 光照　平菇出菇期需要一定的散射光，此时要将草帘或保温被揭开少量，让棚内有少量散射光，光照度 200～500 勒克斯即可。

6. 采收　子实体长至七八成熟（菌盖边缘仍向下生长）时可以采摘，采摘前不要喷水，降低空气湿度以降低蘑菇含水量。

平菇子实体生长发育大致经过 5 个时期：

扭结期：双核菌丝生理成熟的过程也是菌丝扭结的过程，其实质是从营养生长向生殖生长阶段转化的过程。这个时期外界的温度、湿度、光照、机械震动的刺激是必须的。

桑葚期：当菌丝生理成熟时在菌袋的一端或两端定向的划 1～2 个口子，菌丝扭结并分化发育形成许多子实体原基，即在培养基上出现许多白色颗粒物，形似桑葚，所以称为桑蕾期。在适宜温湿度条件下，从菌丝扭结到形成大量原基需5～7天，此时需适当增加栽培空间的空气相对湿度，以75％～80％为宜，但不能向菌袋或菌床上直接喷水。如果发现原基过多，可以用手碾压原基的方法进行"疏蕾"，去掉多余的原基。

珊瑚期：部分原基逐渐伸长，部分原基逐渐萎缩死掉，伸长的原基，开始向四周呈放射状生长，下粗上细，发育成参差不齐的原始菌柄，形状如珊瑚，故称为珊瑚期。此时为提高产量，使营养集中供应，可以再次采用"疏蕾"的方法去掉多余的原基或菇蕾。这一时期主要是菌柄发育期，原始菌柄不断伸长和加粗。控制二氧化碳和氧气的浓度是调节菌柄长短的关键，在菌柄顶端出现青灰色、蓝灰色等不同颜色的扁球体即为原始菌盖。桑葚期到珊瑚期需要经过3～5天的时间，此时应保持空气湿度在80％～85％，给以散射光照，温度控制在10～15℃，防止室内温度变化过大。

子实体生长发育期：也称幼菇期，主要是菌盖发育时期，菌柄生长则慢下来。菌盖生长发育以菌盖边缘扩展发育为主，需要保持空气相对湿度在85％～90％，如果湿度不够，菌盖边缘不能生长，造成菌盖只增厚不增大，有时菌柄增粗发育成畸形菇，湿度过大，会出现黄菇、烂菇现象，喷水要细喷、轻喷、勤喷；注意通风增加氧气，减少二氧化碳浓度，二氧化碳浓度增加也会抑制菌盖生长，促进菌柄伸长变成畸形菇，二氧化碳浓度控制在500毫克/千克以下；增加散射光照有利于菌盖颜色变深，提高平菇商品性。

子实体成熟期：这个时期子实体边缘变薄，有明显的上翘趋势，菌褶中已经产生孢子并向外弹射，这是平菇完成一个生活周期的反应。采收不能等到这个时期，此时平菇已有

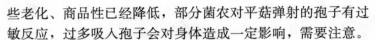

些老化、商品性已经降低，部分菌农对平菇弹射的孢子有过敏反应，过多吸入孢子会对身体造成一定影响，需要注意。

采收晚了产生孢子时，可用绿豆煮水，向蘑菇及菌棒喷雾，即可以降低空气中孢子浓度，减少孢子对人的影响，还可以给菌棒补充营养，提高食用菌产量。

二、平菇熟料栽培技术

（一）栽培季节

熟料栽培是将主辅料掺好，加水拌匀后立即装袋，装好后对培养料进行常压或高压高温灭菌，将培养料中的杂菌及虫卵全部杀灭，再接平菇菌种，使平菇菌丝在无菌状态下生长。因此，在一年四季的任何时候都可以进行生产，熟料栽培安全可靠、污染少、生产的成功率很高；缺点是生产过程比较麻烦，费工、费时、费能源，成本高，适合工厂化栽培。农户秋冬季生产多在8月份到10月，在这个时间制作菌棒，保证发菌期温度比较合适，菌丝在20～25天可以长满菌袋。夏季生产在4～5月份制作菌棒，6～9月份出菇，夏季生产需采取措施降温，促进平菇健康生长。

（二）品种选择

熟料栽培也应选择菌丝长势强壮，吃料迅速的黑色、灰色或白色品种，如：低温季节可以选用的黑色品种有黑美，双抗黑平，灰色品种有抗病3号、抗病2号，白色品种有特白平等。

（三）原辅料及配比

熟料栽培可使用的原料很多，如棉子皮、木屑、蔗渣、玉米芯、豆秸及其他农作物秸秆等。可以用的配方有以下几种：

①棉子皮或木屑为主，棉子皮或杂木屑 60%～65%、玉米芯 15%～20%、麦麸 10%～15%、石膏 1%、石灰 2%～3%，加水 120%～140%，培养料含水量达 65%左右。

②棉子皮 40%、蔗渣 40%、麦麸 15%～18%、石膏 1%、石灰 2%～3%，加水 120%～140%，培养料含水量达 65%左右。

③棉子皮 50%、玉米芯 30%，麦麸 15%，石膏 1%，石灰 2%～3%，加水 120%～140%，培养料含水量达 65%左右。

④棉子皮 20%，豆秸、豆荚 60%，麦麸 16%，石膏 1%、石灰 2%～3%，加水 120%～140%，培养料含水量达 65%左右。即用手攥培养料指缝有水但不滴下为佳。棉子皮或木屑要新鲜、洁净，没有污染，使用前在水泥地上晒 1～2 天，拌好料后，堆一宿，第二天再装料。

熟料栽培玉米芯添加量最多不能超过 30%。麦麸添加量多少根据季节及玉米芯多少而定，一般以 20%为限，温度较高的时期适当少加麦麸，可减少因氮元素多而引起的污染；玉米芯多时可适当多加麦麸，以增加氮的含量，有利于后期产量的提高。

（四）菌棒制作、灭菌

平菇熟料栽培一般选用折径 22 厘米、23 厘米，长度 30 厘米、40 厘米、46 厘米的聚乙烯塑料袋，一般长的为两头开口的、短的为一头开口，人工或机器装料，一般装湿料 2～3 千克，装料要松紧适度，用手捏略有凹陷为好，装料过紧，装料多，产量高，但里面空气少，发菌速度降低，出菇期偏晚；装料过松，空气含量增加，发菌速度提高，出菇早，但营养少，出菇期缩短，产量降低，另外装料过松，菌袋内侧容易出现空腔，在空腔内出现原基或小菇蕾，但不能出菇，消耗养分，影响正常菇的生长。

装好料将塑料袋口用套环和塑料袋扎严，放在准备好的蒸锅内进行高温消毒，常压灭菌要求菌包内温度达到 100℃以后保持 10～12 小时；高压灭菌是要求温度达到 121℃以后保持 3 小时。然后自然降温，菌棒温度达自然温度时准备接种。

(五) 接种

熟料栽培用木签菌种最好，当菌棒温度降至常温时，将套环上的塑料袋取下，将木签菌种快速插入，木签在外暴露的时间越短越好，再用报纸将套环封严，码放在发菌棚内发菌。

(六) 发菌管理

平菇菌棒码放以墙式码放为主，根据当时气温决定，码放方式及高度根据当时温度而定，温度较高时菌棒要单排码放，中间留通风的地方，墙与墙之间留 20 厘米以上的距离，避免菌袋温度过高，墙式码放高度 8～10 层；温度较低时可减少两墙中间的距离，直到墙与墙挨到一起，墙的高度也可以增加到 10～12 层，但要用竹竿在菌墙中间进行固定，防治菌墙倒塌。

菌袋遮光发菌，注意通风及降温，发菌要求温度平稳，温差要小，棚室气温以 20～25℃最好，温差不宜超过 6℃；注意及时翻堆保持菌棒料温以 24～27℃最好，料温不能超过 30℃；当温度较低时，注意保温但要通风换气，天气预报夜温低于 15℃时，及时关闭风口保温。空气湿度控制在 50%～70%。

发菌期如果温度合适需要经过以下几个阶段：①菌丝萌发期，即接种后在适宜的条件下菌种块上长出白色绒毛状菌丝的过程，需2～3天；②菌丝定植期，指菌丝萌发后与培养料接触，并开始向四周辐射生长，初见菌落的过程，俗称"吃料"，需时4～5天；③菌丝快速生长期，指菌丝定植形成菌落后旺盛生长的过程，需10～15天，菌丝快速生长呼吸作用加强，产生大量热量使菌棒温度升高，翻堆应在菌丝快速生长期进行，一般7～10天翻第一次，过4～5天再翻第二次，以后每隔4～5天翻1次，直到菌丝发满。当菌丝生长长度达3～5厘米时注意扎眼通气，用直径2～3毫米的锥子在菌袋端扎4～6个眼，扎眼后氧气增加，菌丝的生长速度会加快，随着菌丝不断生长，扎眼要进行2～3次，扎眼不能在没有菌丝的地方进行，以免造成杂菌污染。④菌丝后熟期，菌丝布满整个培养料表面后，还需要再培养几天，此时，菌棒表面菌丝细胞生长缓慢，有的地方出现黄水珠，需时5～6天，适当降温，并给以较大的温差6～10℃，开始出菇管理。

（七）出菇管理

菌丝达到生理成熟以后，气生菌丝倒伏，颜色变深，菌棒表面出现黄色水珠，或表面出现菌皮或原基。

1. 码垛　此时将棚内地面整平，最好在下面分排垫一些砖，将菌棒每隔1米左右呈墙式码1排，墙与墙之间留60～80厘米走道，墙高7～9层，最少6层，码时两个菌棒之间留一些空隙，以利通气散热。码好菌墙后，降温、通风、给以散射光，棚内气温控制在10～15℃，气温控制在16℃以下最好，料温20℃左右，这样才能保证均衡出菇，出的菇肉厚、质量好，且不易上病。温度过高容易造成出菇猛，出菇期过于集中，蘑菇时有时无，不利于销售及管理，也容易引起病害发生。

2. 开口 当菌丝发满成熟以后，在菌袋的一端或两端用裁纸刀划 1～2 条口，开口出菇可控制前期出菇势头不要太猛，边开口边给以温差刺激，3～5 天后出现菇蕾，此时不要直接向菇蕾上浇水，避免将小菇蕾击死。开口出 2 潮菇以后将菌袋的一头全部割掉，继续出菇。

3. 水分管理 出菇期每天向棚内喷水 2～3 次，喷水要小、轻、勤，维持棚内湿度在 85％～90％。喷水时可向地面或菌墙上直接喷，但要注意不同的时期掌握不同的喷水量及喷水方法，不同的时期喷水方法有区别，在平菇桑葚期及珊瑚期不要直接向小菇蕾上喷水，免得在压力及凉水的刺激下将小菇蕾冲死；在采收前不要向蘑菇上喷水，保持蘑菇干爽可延长蘑菇的贮藏期及保质期。生长的中后期，在浇水时向水里加入少量漂白粉或高锰酸钾，可有效防治平菇黄斑病。

4. 通风 平菇是对二氧化碳比较敏感的食用菌品种，二氧化碳浓度高了，就会出现只长菌柄不长菌盖的畸形菇，一般控制二氧化碳浓度不超过 500 毫克/千克，长期缺氧也会引起杂菌生长造成污染，并引发虫害发生。所以一定要注意通风换气，通风也是为了控制棚内温度，出菇期棚内温度控制在 16℃ 以下最好。

5. 光照 平菇出菇期需要一定的散射光，此时要将草帘或保温被揭开少量，让棚内有少量散射光即可。

6. 采收 子实体长至七、八成熟（菌盖边缘仍向下生长）时可以采摘，采摘前不要喷水，降低空气湿度以降低蘑菇含水量。

三、平菇生料栽培技术

(一)栽培季节

平菇菌丝生长健壮、吃料快,是不多的可以生料栽培的食用菌品种之一,生料栽培是不进行培养料高温灭菌的,只是在培养料中加一些抗菌剂,抑制杂菌生长,将培养料拌好后直接接种、发菌,因此生产时间一定要选择温度适宜平菇菌丝生长,不利杂菌生长的时间,北京地区就是在 9 月 20 日以后到 10 月底,气温比较凉爽时才可以做,在这个时间制作菌棒,保证发菌期温度比较合适,菌丝在 25~30 天可以长满菌袋。

如果时间过早,温度较高,培养料容易发酸腐败,引起杂菌生长,从而影响平菇菌丝生长,有时造成大面积污染,减产甚至绝收,给生产带来严重损失;如果时间过晚,温度降低,平菇菌丝生长缓慢长势变弱,菌丝不能迅速吃料也容易引起杂菌生长,影响产量和效益的提高。

生料栽培的优点是:不用灭菌、栽培工艺简单,投资相对较小,便于推广,特别适合初学的农民使用。缺点是:用料一定要优质、新鲜的原料、不能有污染,不宜加玉米芯等原料;为使菌丝快速吃料减少污染,用种量较大;栽培季节偏晚,采收期晚;使用抗菌剂,产品质量不如熟料栽培的好。

(二)品种选择

前面说过平菇的品种很多,生料栽培应选择菌丝长势强壮,吃料迅速的黑色、灰色或白色中低温品种如:双抗黑平、抗病 3 号、抗病 2 号等。

(三)原辅料及配比

生料栽培以棉子皮为主,棉子皮或杂木屑 90% 左右、麦麸 5%～10%、石膏 1%、石灰 2%～3%、磷酸二氢钾 0.2%、高锰酸钾 0.01%、多菌灵 0.2%～0.3%，加水 120%～140%，培养料含水量达 65%左右。

棉子皮或木屑要新鲜、洁净，没有污染，使用前在水泥地上晒 1～2 天，将棉子皮或杂木屑、麦麸、石膏、石灰放在一起，反复翻堆掺匀，磷酸二氢钾、高锰酸钾、多菌灵先用水溶解，随拌料随加入。拌好料后，堆一宿，第二天再装料。

（四）菌棒制作、接种

根据当地材料供应情况，平菇生料栽培一般选用折径 22 厘米、23 厘米、24 厘米及 25 厘米，长度 40 厘米、45 厘米、46 厘米、55 厘米、60 厘米的聚乙烯塑料袋，一般大袋为两头开口的，可装湿料 3～3.5 千克左右；小袋为一头开口，一般装湿料 1.5～2 千克，边装料边接种。生料栽培多采用人工装料，用人多少根据栽培场地及投料量多少而定，场地宽阔可多用一些人，装料速度快，场地小可少用人；投料量大，要多用人以加快装料速度。两头开口的将塑料袋一头用绳扎紧，在底层撒一把菌种，然后装料，装到最后再放一把菌种，为两头接种，生料栽培以棉子皮加木屑的固体菌种为好。接种还有 3 层接种或 4 层接种，就是在装料一半或三分之一时在中间再放一些菌种，即两头和中间各接一至二层菌，将菌袋袋口扎紧码堆。

平菇菌棒码放以墙式码放为主，根据当时气温决定码放方式及高度。温度较高时菌棒要单排码放，中间留通风的地方，墙与墙之间留 20 厘米以上的距离，避免菌袋温度过高，墙式码放高度 6～8 层；温度较低时可减少两墙中间的距离，直到墙与墙挨到一起，墙的高度也可以增加到 8～10 层，但要注意翻堆避免烧菌，码好堆后用经过消毒的钢管在袋的中间扎一贯通孔通气，促进菌丝快速生长。

（五）发菌管理

接种后，如当时温度高，将菌袋放在发菌棚内或阴凉的地方遮光发菌，注意通风及降温，发菌要求温度平稳，温差要小，气温以 20～25℃ 最好，温差不宜超过 6℃；注意及时翻堆，保持菌棒料温以 24～27℃ 最好，料温不能超过 30℃；当温度较低时，注意保温但要通气，天气预报夜温低于 15℃ 时，及时关闭风口保温。空气湿度控制在 50%～70%。

发菌期如果温度合适需要经过以下几个时期：①菌丝萌发期：需 2～3 天，是在适宜的条件下，接种后从菌种块上长出白色绒毛状菌丝的过程，在菌丝萌发期，温度低、萌发慢，甚至停止萌发，菌丝长期不萌发，培养基容易污染杂菌；可适当提高 2～3℃ 发菌，促进快速萌发。但温度也不能过高，温度过高菌丝也不萌发或干枯致死。②菌丝定植期：是指菌丝萌发后与培养料接触，并开始向四周辐射生长，初见菌落的过程，俗称吃料，这一过程需 4～5 天，此时，尽量不翻动菌袋。定植的快慢与菌种和培养料的质量及培养的环境条件有关。③菌丝快速生长期：指菌丝定植形成菌落后旺盛生长的过程，需 15～20 天，在适宜的条件下，菌丝前端不断分枝，菌丝生长逐渐加快，呼吸速率逐渐加强，培养料的温度不断升高，此时特别注意通风换气及翻堆散热。此时菌丝已布满培养料表面，翻堆应在菌丝快速生长期进行，因为菌丝快速生长需要产生热量，使菌棒温度升高，需进行翻堆降温，一般 7～10 天翻第一次，过 4～5 天再翻第二次，以后每隔 4～5 天翻 1 次，直到菌丝发满。④菌丝生理成熟期：指菌丝体布满整个培养基，还需要再培

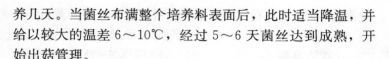

养几天。当菌丝布满整个培养料表面后，此时适当降温，并给以较大的温差 6～10℃，经过 5～6 天菌丝达到成熟，开始出菇管理。

（六）出菇管理

菌丝达到生理成熟以后，气生菌丝倒伏，颜色变深，菌棒表面出现黄色水珠，或表面出现菌皮或原基。

1. 码垛　此时将棚内地面整平，最好在下面分排垫一些砖，将菌棒每隔 1 米左右呈墙式码一排，墙与墙之间留 60～80 厘米走道，墙高 7～9 层，最少 6 层，码时两个菌棒之间留一些空隙，以利通气散热。码好菌墙后，降温、通风、给以散射光，棚内气温控制在 10～15℃左右，气温控制在 16℃以下最好，料温 20℃左右，这样才能保证均衡出菇，出的菇肉厚、质量好，且不易上病。温度过高容易造成出菇猛，出菇期过于集中，蘑菇时有时无，不利于销售及管理，也容易引起病害发生。

2. 开口　当菌丝发满成熟以后，在菌袋的一端或两端用裁纸刀划 1～2 条口，开口出菇可控制前期出菇势头不要太猛，边开口边给以温差刺激，3～5 天后出现菇蕾，此时不要直接向菇蕾上浇水，避免将小菇蕾击死。开口出 2 潮菇以后将菌袋的一头全部割掉，继续出菇。

3. 水分管理　出菇期每天向棚内喷水 2～3 次，喷水要小、轻、勤，维持棚内湿度 85％～90％。喷水时可向地面或菌墙上直接喷，但要注意不同的时期掌握不同的喷水量及喷水方法，不同的时期喷水方法有区别，在平菇桑葚期及珊瑚期不要直接向小菇蕾上喷水，免得在压力及凉水的刺激下将小菇蕾冲死；在采收前不要向蘑菇上喷水，保持蘑菇干爽可延长蘑菇的贮藏期及保质期。生长的中后期，在浇水时向水里加入少量漂白粉或高锰酸钾，可有效防治平菇黄斑病。

4. 通风 平菇是对二氧化碳比较敏感的食用菌品种，二氧化碳浓度高了，就会出现只长菌柄不长菌盖的畸形菇，一般控制二氧化碳浓度不超过 500 毫克/千克，长期缺氧也会引起杂菌生长造成污染，并引发虫害发生。所以一定要注意通风换气，通风也是为了控制棚内温度，出菇期棚内温度控制在 16℃ 以下最好。

5. 光照 平菇出菇期需要一定的散射光，此时要将草帘或保温被揭开少量，让棚内有少量散射光即可。

6. 采收 子实体长至七八成熟（菌盖边缘仍向下生长）时可以采摘，采摘前不要喷水，降低空气湿度以降低蘑菇含水量。

秋冬季是生产平菇最佳的季节，也是生产量最大的季节，因此容易出现上市量大，价格下滑的现象，此时怎么办，此时应该通过开闭通风口，调节棚内温湿度，控制出菇速度，感觉价格下滑时及时降低温度，减少出菇、保存菌棒实力，待价格上扬时再提高温度，加大蘑菇产量，为此才能获得最佳经济效益。

专题二　平菇夏季设施栽培新技术

一、栽培季节

夏季是高温季节，夏季栽培也叫反季节生产，一般在 4～5 月份制作菌棒，在 6～9 月份出菇。此时病虫害较多需采用熟料栽培，将菌棒装好后对培养料进行常压或高温高压灭菌，将培养料中的杂菌及虫卵全部杀灭，再接平菇菌种，使平菇菌丝在无菌状态下生长。

二、设施改造

夏季生产因温度较高，一般的品种、普通的设施很难生产出商品性很好的平菇，因此要对设施进行改造，普通温室的棚膜上风口关闭，只留底脚风口放风，放下草帘或保温被遮阳，并需要在温室上加设遮阳网，用竹竿或铁架将遮光率80%～90%的遮阳网悬挂在温室上方60～100厘米高的地方，减少太阳光照射，可以降低棚内温度3～5℃。在温室后墙增加通风口，有条件的可在通风口处加设水帘，可以很好的降低棚内温度。

保证发菌期、出菇期温度比较合适，菌丝在20～25天可以长满菌袋。出菇时需采取措施降温，避免高温引起的蘑菇徒长，促进平菇健康生长。

三、品种选择

夏季栽培应选择菌丝长势强壮，吃料迅速，出菇期子实体对温度耐受范围较宽的白色或灰色品种如：灰色品种有秀珍菇、鲍鱼菇，白色品种有夏抗50、伏夏200、特白平等。

四、原辅料及配比

夏季熟料栽培也是以棉子皮为主，棉子皮60%～65%、玉米芯20%、麦麸10%～15%、石膏1%、石灰3%～4%，加水120%～140%，培养料含水量达65%左右，即用手攥培养料指缝有水但不滴下为度。棉子皮要新鲜、洁净，没有污染，使用前在水泥地上晒1～2天，拌好料后，堆一宿，第二天再装料。

夏季栽培玉米芯添加量最多不能超过25%。麦麸添加量适当减少，一般以 15％ 为限，可减少因氮元素多而引起的污染。

五、菌棒制作、灭菌

平菇夏季栽培一般选用折径 22 厘米，长度 30、46 厘米的聚乙烯塑料袋，一般长袋为两头开口、短袋为一头开口，人工或机器装料，一般大袋装湿料 3 千克左右、小袋装湿料1.5～2 千克，装料要松紧适度，用手捏略有凹陷为好，装料过紧，装料多，产量高，但里面空气少，发菌速度降低，出菇期偏晚；装料过松，空气含量增加，发菌速度提高，出菇早，但营养少，出菇期缩短，产量降低，另外装料过松，菌袋内侧容易出现空腔，在空腔内出现原基或小菇蕾，但不能出菇，消耗养分，影响正常菇的生长。

装好料将塑料袋口用套环和塑料膜扎严，放在准备好的蒸锅内进行高温消毒，常压灭菌要求菌包内温度达到 100℃以后保持 10～12 小时；高压灭菌是要求温度达到 121℃以后保持 3 小时。然后自然降温，菌棒温度降到 30℃以下时准备接种。

六、接种

夏季栽培用木签菌种最好，当菌棒温度降至常温时，将套环上的塑料膜取下，将木签菌种快速插入菌棒，木签在外暴露的时间越短越好，再用报纸将套环封严，码放在发菌棚内发菌。

七、发菌管理

平菇夏季栽培在早春制作菌棒，此时温度较低但会逐渐增高，菌棒码放以墙式码放为主，菌棒要单排码放，中间留通风的地方，墙与墙之间留 20 厘米以上的距离，避免菌袋温度过高，墙式码放高度 8～10 层，用竹竿在菌墙中间进行固定，防治菌墙倒塌。

接种后，将菌袋放在适宜的地方遮光发菌，注意通风及降温，发菌要求温度平稳，温差要小，气温以 20～25℃最好，温差不宜超过 6℃；注意及时翻堆保持菌棒料温以 24～27℃最好，料温不能超过 30℃；当温度较低时，注意保温但要通气，天气预报夜温低于 15℃时，及时关闭风口保温；温度升高时注意通风降温，防止高温烧菌。

发菌期如果温度合适需要经过以下几个阶段：①菌丝萌发 2～3 天；②菌丝定植期 4～5 天；③菌丝快速生长期 10～15 天，此时菌丝已布满培养料表面，翻堆应在菌丝快速生长期进行，因为菌丝快速生长要产生热量，使菌棒温度升高，需进行翻堆降温，一般 7～10 天翻第一次，过 4～5 天再翻第二次，以后每隔 4～5 天翻 1 次，直到菌丝发满；④菌丝后熟期，当菌丝布满整个培养料表面后，适当降温，并给以较大的温差 6～10℃以上，经过 5～6 天菌丝达到成熟，开始出菇管理。

八、出菇管理

菌丝达到生理成熟以后，气生菌丝倒伏，颜色变深，菌棒表面出现黄色水珠，或表面出现菌皮或原基。

1. 码垛 此时将棚内地面整平，最好在下面分排垫一些砖，将菌棒每隔 1 米左右呈墙式码一排，墙与墙之间留 60～80 厘米走道，墙高 7～9 层，最少 6 层，码时两个菌棒之间留一些空隙，以利通气散热。码好菌墙后，降温、通风、给以散射光,棚内气温控制在 10~15℃,气温控制在 16℃以下最好,料温 20℃左右,这样才能保证均衡出菇,出的菇肉厚、质量好,且不易上病。温度过高容易造成出菇猛,出菇期过于集中,蘑菇时有时无,不利于销售及管理,也容易引起病害发生。

2. 开口 当菌丝发满成熟以后,在菌袋的一端或两端用裁纸刀划 1~2 条口,开口出菇可控制前期出菇势头不要太猛,边开口边给以温差刺激,3~5 天后出现菇蕾,此时不要直接向菇蕾上浇水,避免将小菇蕾击死。开口出 2 潮菇以后将菌袋的一头全部割掉,继续出菇。

3. 水分管理 夏季温度较高,喷水可降低棚内温度,出菇期每天向棚内喷水 3~4 次,早、中、晚都要喷水,中午喷水降温作用更明显,喷水要小、轻、勤,维持棚内湿度 85%~90%左右。喷水时可向地面或菌墙上直接喷,但要注意不同的时期掌握不同的喷水量及喷水方法,不同的时期喷水方法有区别,在平菇桑葚期及珊瑚期不要直接向小菇蕾上喷水,免得在压力及凉水的刺激下将小菇蕾冲死;在采收前不要向蘑菇上喷水,保持蘑菇干爽可延长蘑菇的贮藏期及保质期。生长的中后期,在浇水时向水里加入少量漂白粉或高锰酸钾,可有效防治平菇黄斑病。

4. 通风 平菇是对二氧化碳比较敏感的食用菌品种,二氧化碳浓度高了,就会出现只长菌柄不长菌盖的畸形菇,一般控制二氧化碳浓度不超过 500 毫克/千克,长期缺氧也会引起杂菌生长造成污染,并引发虫害发生。所以一定要注意通风换气,通风也是为了控制棚内温度,出菇期棚内温度控制在 16℃以下最好。

5. 光照 平菇出菇期需要一定的散射光,此时要将草帘或保温被揭开少量，让棚内有少量散射光即可。

6. 采收　子实体长至七、八成熟（菌盖边缘仍向下生长）时可以采摘，采摘前不要喷水，降低空气湿度以降低蘑菇含水量。

夏季生产主要注意虫害的预防，采取全棚用防虫网覆盖的方法，减少外来虫源进入，从发菌期即在棚内有光亮处悬挂黄板，及时粘黏棚内虫源，减少棚内虫口密度及繁殖速度，是防治夏季生产虫害发生的关键技术。

专题三　平菇林地栽培新技术

一、栽培季节

林地栽培是利用树木的遮荫降温作用，生产多在 5～8 月进行。

二、选择品种

夏季高温季节生产多用，适合中高温的白色品种，如特白平、小白玉等品种。

三、原辅料及配比

夏季栽培与其他季节栽培一样可使用的原料很多，如棉子皮、木屑、蔗渣、玉米芯、豆秸及其他农作物秸秆等。如果制作菌棒时间偏晚，温度较高时，辅料的氮源要适当减少，石灰适当增加，可以用的配方有以下几种：

①棉子皮为主，棉子皮 80%～85%、麦麸 15%～10%、石膏 1%、石灰 3%～4%，加水 120%～140%，培养料含水量达 65% 左右。

②棉子皮 50%～60%、玉米芯 30%～20%、麦麸 15%、石膏 1%、石灰 3%～4%，加水 120%～140%，培养料含水量达 65%左右。

③棉子皮 20%，豆秸、豆荚 60%，麦麸 15%，石膏 1%，石灰 3%～4%，加水 120%～140%，培养料含水量达 65%左右。即用手攥培养料指缝有水但不滴下为度。棉子皮、玉米芯要新鲜、洁净，没有污染，使用前在水泥地上晒 1～2 天，拌好料后，堆一宿，第二天再装料。

四、菌棒制作、灭菌

平菇夏季栽培一般选用折径 22 厘米、23 厘米，长度 40 厘米、46 厘米的聚乙烯塑料袋，一般两头开口的，人工或机器装料，一般装湿料 1.5～2 千克，装料要松紧适度，用手捏略有凹陷为好，装料过紧，装料多，产量高，但里面空气少，发菌速度降低，出菇期偏晚；装料过松，空气含量增加，发菌速度提高，出菇早，但营养少，出菇期缩短，产量降低，另外装料过松，菌袋内侧容易出现空腔，在空腔内出现原基或小菇蕾，但不能出菇，消耗养分，影响正常菇的生长。

装好料将塑料袋口用套环和塑料袋扎严，放在准备好的蒸锅内进行高温消毒，常压灭菌要求菌包内温度达到 100℃以后保持 10～12 小时；高压灭菌是要求温度达到 121℃以后保持 3 小时。然后自然降温，菌棒温度达自然温度时准备接种。

五、接种

用木签菌种最好，当菌棒温度降至常温时，将套环上的

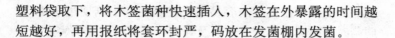

塑料袋取下，将木签菌种快速插入，木签在外暴露的时间越短越好，再用报纸将套环封严，码放在发菌棚内发菌。

六、发菌管理

平菇菌棒码放以墙式码放为主，根据当时气温决定，码放方式及高度根据当时温度而定，温度较高时菌棒要单排码放，中间留通风的地方，墙与墙之间留 20 厘米以上的距离，避免菌袋温度过高，墙式码放高度 8～10 层；温度较低时可减少两墙中间的距离，直到墙与墙挨到一起，墙的高度也可以增加到 10～12 层，但要用竹竿在菌墙中间进行固定，防治菌墙倒塌。

接种后，将菌袋放在阴凉的棚内遮光发菌，注意通风及降温，发菌要求温度平稳，温差要小，气温以 20～25℃最好，温差不宜超过 6℃；注意及时翻堆保持菌棒料温以 24～27℃最好，料温不能超过 30℃。

七、出菇管理

菌丝达到生理成熟以后，气生菌丝倒伏，颜色变深，菌棒表面出现黄色水珠，或表面出现菌皮或原基。林地出菇有 2 种方式：

（一）中棚码垛出菇

1. 码垛　同温室内出菇一样，将中棚内地面整平，最好在下面分排垫一些砖，将菌棒每隔 1 米左右呈墙式码一排，墙与墙之间留 60～80 厘米走道，墙高 5～7 层，码时两个菌棒之间留一些空隙，以利通气散热。码好菌墙后，降温、通风、给以散射光，棚内气温控制在 15～28℃，料温 24℃左右，这样才能保证均衡出菇，出的菇肉厚、质量好，且不易上病。温度过高容易造成出菇猛，出菇期过于集中，蘑菇时有时无，不利于销售及管理，也容易引起病害发生。

2. 开口 当菌丝发满成熟以后，在菌袋的一端或两端用裁纸刀划 1～2 条口，开口出菇可控制前期出菇势头不要太猛，边开口边给以温差刺激，3～5 天后出现菇蕾，此时不要直接向菇蕾上浇水，避免将小菇蕾击死。开口出 2 潮菇以后将菌袋的一头全部割掉，继续出菇。

3. 水分管理 出菇期每天向棚内喷水 3～4 次，喷水要小、轻、勤，维持棚内湿度 85％～90％。喷水时可向地面或菌墙上直接喷，但要注意不同的时期掌握不同的喷水量及喷水方法，不同的时期喷水方法有区别，在平菇桑葚期及珊瑚期不要直接向小菇蕾上喷水，免得在压力及凉水的刺激下将小菇蕾冲死；在采收前不要向蘑菇上喷水，保持蘑菇干爽可延长蘑菇的贮藏期及保质期。生长的中后期，在浇水时向水里加入少量漂白粉或高锰酸钾，可有效防治平菇黄斑病。

4. 通风 平菇对二氧化碳比较敏感，二氧化碳浓度高了，就会出现只长菌柄、不长菌盖的畸形菇，一般控制二氧化碳浓度不超过 500 毫克/千克，长期缺氧也会引起杂菌生长造成污染，并引发虫害发生。

5. 光照 平菇出菇期需要一定的散射光，此时要将草帘或保温被揭开少量，让棚内有少量散射光即可。

（二）小拱棚覆土出菇

1. 覆埋 在林地内作畦，畦宽 1～1.2 米，畦深 15～20 厘米，埂宽 30 厘米，畦底撒 1 层石灰；菌丝发满以后，将菌袋脱去，将菌棒平放在畦内，用干净的深层土，要求土质疏松不结块，掺 3％～5％的石灰，覆土 2～3 厘米，浇 1 次水。7～10 天后开始出菇。

2. 采收　子实体长至七、八成熟（菌盖边缘仍向下生长）时可以采摘，采摘前不要喷水，降低空气湿度以降低蘑菇含水量。

专题四　平菇的工厂化栽培新技术

平菇工厂化栽培技术，是比较先进的栽培技术，目前，韩国、日本已开始推广应用，使用塑料瓶进行机械化栽培，液体菌种，在工厂化厂房里周年循环生产，严格按照平菇生长发育所需的最佳温湿度条件培养，平菇从接种到采收只需要 45 天，每瓶只采 1 潮菇即挖瓶出料，生物效率 40%～60%，充分利用厂房设备，周转速度快，售价高，经济效益可观，但厂房、设备投入较高，一般农户很难承受。

平菇的病虫害防治技术

在平菇制种及生产过程中，经常受到杂菌和害虫的为害，随着食用菌周年生产和栽培面积的不断扩大，平菇病虫害也日趋严重。由于病虫害造成的损失可达 20%～30%，严重时甚至绝收，已成为生产中非常突出的问题，严重影响了菇农的经济效益及种菇积极性。

食用菌病虫害的防治较之其他农作物更为困难，主要是因为食用菌生长发育所需的环境条件本身有利于病虫害发生；而且杂菌和害虫往往发生在培养基质内，与食用菌的菌丝混合生长在一起，如果防治措施不当，会两败俱伤；同时，食用菌是一种具有保健功能的食品，用药时一定要慎重，防治对食用菌本身及人体造成伤害。因此，了解病虫害发生规律，掌握病虫害防治技术，生产出无公害食用菌产品，是迈向成功的基础保证。

食用菌病虫害的防治措施较多，必须坚持"以防为主，防重于治"的原则。常用防治方法根据机理不同可分为物理防治、栽培防治、生物防治和化学防治 4 大类。其中，物理防治是一种普遍采用、并且起重要作用的措施；其次是栽培防治；在食用菌生产上，适宜应用的化学农药种类较少。常用的物理防治方法包括热力学方法、辐射方法、灯光诱杀法和过滤除菌法等。热力学方法最常用，包括高压或常压湿热灭菌（常用于培养料灭菌）、干热灭菌（主要用于一些玻璃器皿等灭菌）、火焰灭菌（用于接种过程中接种用具的灭菌）以及培养料的高温发酵（常用于生料栽培培养料的处理）。栽培防治方法包括选用抗病、抗虫品种；选用纯正、生活力旺盛和菌龄适宜的菌种；选用优质培养料，配方要适宜；制种和栽培场所及其周围环境要卫生，杜绝病源和虫源；创造有利于食用菌生长、而对病虫害发展蔓延不利的环境条件等。化学防治法作为一种辅助手段，配合农业防治、物理防治等方法合理使用，并要选择高效、低毒、绿色环保的药剂。总之，在食用菌病虫害防治上，要建立以农业防治、物理防治为基础，结合生物防治、化学防治为补充，形成配套综合防治体系，提高防治效果，以确保食用菌生产的高产、优质和高效。

专题一 制棒期间竞争性杂菌及其防治

竞争性杂菌，简称杂菌，其特点是污染培养基质，在基质上与食用菌菌丝竞争生长，争夺养分和生存空间，并抑制食用菌菌丝生长，导致菌丝培养失败和栽培减产，甚至绝收。因此，菌棒生产及发菌阶段防止杂菌污染极为重要。

一、常见杂菌种类及特征

（一）细菌

细菌个体很小，需放大 1 000 倍左右才能看到；但大量细菌聚集在一起形成的菌落明显可见，菌落的形状、大小和颜色各异，有些菌落无色透明，仅在表面呈湿润的斑点或斑块，有些明显呈脓状，多为白色和微黄色。常污染菌种，尤其是母种，致使斜面上的菌丝不能正常伸展；在生产中主要污染生料栽培的种类，使培养料黏湿、色深并伴有腐臭味，食用菌菌丝不能正常生长。

引起污染的细菌种类很多，最常见的有以下 3 个属：芽孢杆菌（*Bacillus* sp.）、假单胞杆菌（*Pseudomonas* sp.）和欧文氏杆菌（*Erwinia* sp.）。

（二）霉菌

霉菌是一类单细胞或多细胞的丝状真菌，菌丝白色，较粗壮，随着生长，因种类不同逐渐产生青色、青绿色、褐色、黑色、黄绿色、红色、橙红色的分生孢子或孢子囊，表现出各种颜色。霉菌与食用菌生活条件类似，而且分布广泛，是为害最大的一类杂菌，一旦发生，很难除治。霉菌种类很多，常见的有青霉、木霉、曲霉、毛霉、根霉、脉孢霉和镰刀菌等。

1. 青霉 是食用菌生产上常见的杂菌，为害严重。青霉菌丝生长不快，但能很快长出绿色的分生孢子，形成一片蓝绿色粉状霉层；能明显抑制食用菌菌丝生长，后期还可侵染子实体。在高温高湿下极易发生；通过气流、昆虫及水滴等传播。

常见种类有产黄青霉（*Penicillinm chrysogenum*）、圆弧青霉（*P. cyclopium*）、白青霉（*P. albidum*）和软毛青霉（*P. puberelum*）等。

2. 木霉 俗称绿霉，是普遍发生且为害严重的杂菌。木霉菌丝灰白色，较浓密，生长速度很快；随着生长，从菌落中心开始渐至边缘出现明显的绿色或暗绿色粉状霉层，而边缘仍是浓密的白色菌丝。木霉菌丝能分泌毒素，使食用菌菌丝不能生长或逐渐消失死亡，常造成香菇烂筒，已知的各种栽培菌，如双孢菇、木耳、银耳、平菇、草菇、猴头、灵芝等多种食用菌皆可被害。在食用菌生长发育的整个过程中，均可感染木霉，尤其是生长衰弱、栽培后期的子实体以及菇床上遗留的残根更易感病。子实体整个生长期均可被侵染，多从基部开始，使菇蕾萎缩、枯死；较大的子实体表现为水渍状软腐。在酸性和高温高湿的环境中容易孳生，老菇房和带菌工具是主要的初侵染源。

常见的木霉有绿色木霉（*Trichoderma viride*）、灰绿木霉（*T. glaucus*）、康宁氏木霉（*T. koningii*）和木素木霉（*T. lignorum*）。

3. 曲霉　初期出现白色绒毛状菌丝体，扩展较慢，菌丝较厚，很快转为黑色或黄绿色的颗粒性粉状霉层，抑制食用菌菌丝生长。食用菌菌丝生长良好时，可将其覆盖，对出菇影响不大。曲霉不仅污染菌种和培养料，而且影响人体健康。在碳水化合物含量过高、微酸性的培养料中以及高温高湿、通风不良的情况下容易发生。

常见的曲霉有黄曲霉（*Aspergillus flavus*）、黑曲霉（*A. niger*）、灰绿曲霉（*A. glaucus*）和烟曲霉（*A. fumigatus*）。

4. 脉孢菌　俗称链孢霉或红色面包霉，分布广泛，污染严重，是谷粒菌种的主要污染菌之一。脉孢菌气生菌丝多，生长迅速，逐渐在料面上产生大量橘红色的粉状分生孢子，故又称"红粉病"。特别是棉塞受潮或塑料袋有破洞时，橘红色的分生孢子呈团状长到棉塞或塑料袋外面，稍受震动，便散发到空气中，传播蔓延很快，因此，发现污染应及时处理。脉孢菌能杀死食用菌菌丝，并引起谷粒的发酵，污染后，可以从培养室或透过棉塞闻到浓厚的酒香味。脉孢菌属中高温型好气性真菌，高温高湿时容易发生。

常见的脉孢菌有面包脉孢菌（好食脉孢菌）（*Neurospora sitophila*）和粗糙脉孢菌（*N. crassa*）。

二、杂菌污染的主要原因

①料瓶（袋）制作不当，如原材料受潮发霉；培养料含水量过大；压得过实；装料太满；或料袋扎口不紧等。

②培养基质灭菌不彻底，表现为瓶壁和袋壁上出现不规则的杂菌群落。往往是由于灭菌的时间或压力不够；灭菌时装量过多或摆放不合理；或高压灭菌时冷空气没有排净等。

③菌种带杂菌，表现为接种后，菌种块上或其周围污染杂菌。此类污染往往规模较小，污染的杂菌种类也比较一致。

④接种操作中污染，此类污染常分散发生在菌种培养基表面，主要是由于接种场所消毒不彻底；或接种时无菌操作不严格。

⑤培养过程中污染，灭菌时棉塞等封口材料受潮，或培养室环境不卫生、高温高湿、通风不良等均可导致封口材料受潮而发生污染。

⑥出菇期污染，出菇室环境不卫生，或高温高湿、通风不良，尤其是采完一茬菇后，料面不清理，很容易发生杂菌污染。

⑦破口污染，灭菌操作或运输过程中不小心，使容器破裂或出现微孔；或由于鼠害等使菌袋破损而造成污染。

⑧覆土材料带杂菌，覆土材料选择不科学或没有严格消毒，造成覆土层污染。

三、防止杂菌污染的措施

①选择地势高燥、通风良好、水源清洁、远离禽畜舍等污染源的场所作菌种场和栽培场地。

②把好培养基和栽培袋的制作关。选择新鲜、干燥、无霉变的培养料，用前暴晒 2～3 天；含水量要适宜，料要拌匀；当天配料要当天分装灭菌。

③培养基质灭菌要彻底。要保证灭菌的压力和时间；装量不能太满，容器之间要有缝隙；高压灭菌时排放冷空气要完全。

④严格检查菌种质量，适当加大菌种量。选用无病虫害、生活力强、抗逆性强的优良菌种。

⑤接种场所消毒要彻底，接种时严格无菌操作。灭完菌的料瓶（袋）应直接进入洁净的冷却室或接种室；接种动作要迅速准确，防止杂菌侵入。

⑥搞好培养室和出菇室的环境卫生，改善食用菌生长发育的环境条件。培养室和出菇室用前要严格消毒，培养过程中要加强通风换气，严防高温高湿。

⑦定期检查，发现污染及时处理。污染的菌种要立即销毁。对污染轻的栽培袋可进行除治，如用浓石灰水、75％的酒精或 0.1％的多菌灵等抑菌剂或杀菌剂擦洗或注射污染处，均可控制杂菌蔓延；然后，将除治的栽培袋置低温处隔离培养。段木或畦栽发生污染时，可先挖去患病部位，然后进行药剂处理。如果栽培袋杂菌发生严重，可将其运至远处深埋或烧毁，切忌到处乱扔或未经处理就脱袋摊晒。

⑧生料栽培时，为了抑制杂菌，可加入 1％～2％的石

灰来提高培养料的 pH；为了降低杂菌基数，培养料要充分发酵，并可加入适量的克霉灵、多菌灵等杀菌剂拌料。

⑨畦栽时，覆土材料宜选用河泥、砻糠土或大田的深层土，并要严格发酵或消毒。

专题二 真菌性病害及其防治

一、褐腐病

又称白腐病、湿泡病、疣孢霉病。

(一) 病症

只感染子实体，不感染菌丝体。子实体受到感染时，表面出现一层白色棉毛状病原菌菌丝，菌柄肿大成水泡状畸形，进而褐腐死亡，故又称湿泡病。如果子实体未分化时被感染，则分化受阻，形成不规则的组织块，表面有白毛绒状菌丝，组织块逐渐变褐，并从内部渗出褐色的汁液而腐烂，散发恶臭气味。

(二) 病因

病原菌为疣孢霉（*Mycogone perniciosa*）。疣孢霉的厚垣孢子可在土壤中休眠数年，首次侵染主要来源于此；菇棚内的再度侵染、病害蔓延，则主要是病菌孢子通过人体、害虫、工具或喷水等渠道传播。出菇室高温高湿、通风不良时发病严重。

(三) 防治措施

①出菇室应安装纱门、纱窗，出菇室、床架及用具应严格消毒，彻底杀灭病菌及害虫。

②覆土要消毒，可用 0.1%多菌灵喷洒、熏蒸或进行巴氏消毒（60～70℃）1 小时。

③培养料要经后发酵处理或进行巴氏消毒，或喷洒 500 倍的多菌灵或托布津药液。

④栽培季节要选好，第一潮菇出菇期避开 25℃以上的高温。

⑤栽培过程中发病，应停止喷水，加强通风，降温降湿，并在病区喷 500 倍多菌灵药液 2～3 次；若发病严重，应及时销毁病菇，并清理料面或覆土，喷洒药液后，更换新的覆土材料再喷药。

二、褐斑病

又称干泡病、黑斑病、轮枝霉病。

（一）病症

褐斑病蔓延很快，对子实体具有很强的感染力，菇蕾受害后，形成质地较干的灰白色组织块，不能分化形成菌柄和菌盖。子实体感病后，病菌菌丝能侵入子实体髓部，使菌柄异常膨大并变褐，而菌盖发育迟缓，子实体呈畸形而僵化；菌盖上还产生许多不规则的针头大小的褐色斑点，以后斑点逐渐扩大并凹陷，凹陷部分呈灰色，充满轮枝霉的分生孢子，但菇体不腐烂、无臭味，最后干裂枯死。

（二）病因

病原菌是菌生轮枝霉（*Verticillium fungicola*）、菌褶轮枝霉（*V. lamellicola*）或蘑菇轮枝霉（*V. psalliotae*）。轮枝霉主要存活于土壤及空气中，最适生长温度为 22℃左右，低于 12℃时生活力很弱。其分生孢子可黏附于土壤、工具、人体及虫类等各处，所以，初侵染可能是土壤和空气中的病原孢子萌发所致，而后的迅速蔓延则是通过人体、工具、虫类或喷水时溅水所传播。当出菇室通风不良、空气相对湿度大时易发病。

（三）防治措施

参照褐腐病的防治。

三、软腐病

又称蛛网病、湿腐病、树状轮指霉病。

（一）病症

发病时，培养料上先出现 1 层灰白色棉毛状病原菌菌丝，若不及时处理，菌丝便迅速蔓延覆盖住食用菌菌丝，并变成水红色，食用菌菌丝因缺氧和受病原菌侵染而失去活力，此后很难出菇。病原菌菌丝接触子实体后，棉毛状菌丝会逐渐覆盖整个子实体，并首先从菌柄基部侵入，向上延伸至菌盖，被害处逐渐变成淡褐色水渍状软腐，手触即倒，但不产生畸形。此病在菇房通常只是小范围发生，很少大面积流行。

（二）病因

病原菌为树枝状轮指孢霉（*Dactylium dendroides*）。树枝状轮指孢霉可长期存活于有机质丰富的土壤中，通过覆土、水滴、虫类、人体及气流传播。其菌丝生长最适温度为25℃左右，最适 pH 在 3～4，在空气相对湿度过大，覆土层或培养料过湿的条件下易发病。

（三）防治措施

培养料发酵后，将其 pH 调至 7 左右，耐碱品种可调至 9 左右；局部发病时，应清除病菌的菌膜及死菇，对患病部位撒石灰粉，并更换覆土材料；其余可参照褐腐病的防治。

专题三　细菌性病害及其防治

一、细菌性黄斑病

（一）发病症状

黄斑病是平菇栽培中的常见病害，初期只在菇体表面出现黄褐色斑点或斑块，随之病区扩大，并深入菌肉组织。此后，子实体变为褐色、黑褐色，进而死亡、腐烂。

（二）发病条件

病菌存在于土壤和水中，可以通过昆虫和喷水传播。出菇期菇房空气相对湿度超过95％，直接向菌袋上喷水，尤其是菌盖表面有水膜存在时极有利于此类病害发生。

（三）防治方法

1. 使用洁净水　管理用水最好经漂白粉消毒，严禁使用沟水和脏水喷洒菇体。

2. 控制湿度　出菇期保持菇房良好通气条件，空气相对湿度不超过95％，菌盖表面不要积水，保持较干燥状态。

3. 药剂防治　发现病菇要及时清除，在喷水时加喷100毫克/千克漂白粉液或（每毫升含100～200单位）硫酸链霉素600倍溶液。

二、细菌性褐斑病

又称细菌性斑点病、锈斑病。

（一）发病病症

病菌只侵染子实体的表面组织，不为害菌肉。被感染后，菌盖表面出现小的圆形或椭圆形褐色（铁锈色）凹陷斑，在潮湿条件下，病斑表面有一薄层菌脓，发出臭味，当斑点干燥后，菌盖开裂，形成不对称的子实体。菌柄上偶尔也发生纵向凹陷斑块，但菌褶很少感染。病菇形态变化不大，也不会引起腐烂。

（二）发病条件

病原菌为托拉斯假单胞杆菌（*Pseudomonas tolaasii*）。此菌在自然界分布极广，培养料、覆土材料以及不洁的水中均有病菌潜伏，在 15℃以上、空气相对湿度大于 85％时，病菌非常活跃，通过人体、气流、虫类和工具等渠道可广泛传播。常在春菇后期，逢高温高湿、通风不良，特别是菌盖表面有水膜时极易发生。

（三）防治方法

①菇棚、床架、用具等要用 2％的漂白粉等彻底消毒，尤其原发病害较重的菇棚；同时，菇房应安装纱门、纱窗防虫。

②培养料和覆土材料应按要求进行发酵或消毒。

③使用清洁水源，喷水后加强通风，降温降湿，避免菌盖表面长时间存有水膜。

④发现病菇及时摘除，并在料面撒一层石灰粉，或用每毫升含 100～200 单位的农用链霉素 600 倍或 100 毫克/千克的漂白粉液每天喷 1 次；发病较重时，先清理料面或覆土后再喷药。

三、细菌性腐烂病

（一）发病病症

发病初期在菌盖或菌柄上出现淡黄色水渍状病斑，高湿条件下病斑迅速扩展，最后腐烂，并散发出恶臭气味。

（二）发病条件

病原菌为荧光假单胞杆菌（*Pseudomonas* sp.）。病菌生活在土壤或不清洁的水中，培养料也可带菌，主要通过喷水污染子实体。中温高湿条件有利发病。

（三）防治方法

参照细菌性褐斑病的防治。

专题四　病毒性病害及其防治

病毒是一种专性寄生、不能离开活性细胞生存、并有很强的侵染性、非细胞型和体积微小的物体，能通过细菌过滤器。病毒感染会使培养料中的菌丝退化，产生各种畸形菇，造成严重的减产。病毒很小，需要在电子显微镜下才能看到，能通过细菌过滤器，防范起来难度较大。

病毒病对平菇的侵染机理还不很清楚，栽培上以控制菌种为主，新的菌种引进后需要对菌种进行尖端扩繁、高温变温培养等脱毒工作，以减少病毒病传播的几率。菌丝培养过程中不同的温度条件，抑制病毒的复制及发展。

（一）病毒病的症状

平菇病毒球状，感染后，菌丝生长速度减慢；菌柄肿胀近球形，弯曲，表面凹凸不平；菌盖边缘波浪形或具深缺刻，有的菌盖很小或无盖，只在子实体顶端保留菌盖的痕迹，后期产生裂纹，露出白色的菌肉；菌盖与菌柄表面出现明显的水浸状条斑。

（二）防治措施

①选用耐（抗）病毒的优良品种；对菌种进行脱毒

处理。

②保持出菇室卫生，安装纱门、纱窗，防止害虫传播病毒；栽培结束后及时清除废料，并彻底消毒；出菇室、床架、器具等用前可用高锰酸钾和甲醛熏蒸或进行巴氏消毒1小时。

③培养料进行后发酵处理或巴氏消毒。

④发现病毒的菇棚，必须在子实体散发孢子前及时采收，防止病毒通过孢子传播。

专题五 生理性病害及其防治

生理性病害又称非侵染性病害。在食用菌生长发育过程中，由于不良的环境条件，如物理、化学因素的刺激，使食用菌正常的生长发育受阻，产生各种异常现象，导致减产和产品品质下降。

一、菌丝徒长

平菇常出现菌丝徒长现象，表现为菌丝持续生长，密集成团，结成菌块或白色菌皮，难以形成子实体。

（一）主要原因

栽培管理不当，如出菇室高温、通风不良、二氧化碳浓度过高等均不利于子实体分化，引起菌丝徒长。或者培养料含氮量偏高，菌丝营养生长过度，不能扭结出菇。

（二）防治方法

培养料不应过熟、过湿；栽培过程中要加强菇棚通风，降低二氧化碳浓度，适当降温降湿，以抑制菌丝生长，促进子实体形成；选择适宜配方，及时用器具划破

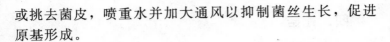

或挑去菌皮，喷重水并加大通风以抑制菌丝生长，促进原基形成。

二、菌丝萎缩

平菇栽培过程中，有时会出现菌丝、菇蕾、甚至子实体停止生长，逐渐萎缩、变干，最后死亡的现象。

（一）主要原因

一是培养料配制或堆积发酵不当，造成营养缺乏或营养不合理；二是培养料湿度过大，引起缺氧，或培养料湿度过小；三是高温烧菌引起菌丝萎缩；四是虫害，当虫口密度大时，会造成严重为害，使菌丝萎缩死亡。

（二）防治方法

选用长势旺盛的菌种；严格配制和发酵培养料，对覆土进行消毒；合理调节培养料含水量和空气相对湿度，加强通风换气；发菌过程中，要严防堆内高温。

三、子实体畸形

平菇栽培过程中，常常出现子实体形状不规则，如柄长盖小，子实体歪斜，或原基分化不好，形成菜花状、珊瑚状或鹿角状的畸形子实体。

（一）主要原因

出菇室通风不良，二氧化碳浓度过高，光线不足，温度偏高；覆土颗粒太大，出菇部位低；机械损伤或农药中毒等均能导致子实体畸形。

（二）防治方法

针对上述原因，创造子实体形成和生长最适宜的环境条件。

四、死菇

指在无病虫害情况下，子实体变黄、萎缩、停止生长，最后死亡的现象。

（一）主要原因

出菇过密，营养或水分不足；出菇室持续高温高湿，通风不良，氧气不足；覆土层缺水，幼菇无法生长；采菇或其他管理时操作不慎，造成机械损伤；或者农药使用不当，产生药害等均可引起子实体死亡。

（二）防治方法

根据上述原因，采取相应措施，如改善环境条件、正确使用农药等。

专题六 虫害及其防治

一、菇蚊

菇蚊是平菇栽培的重要害虫，整年发生，为害严重。特别是开春以后，随着气温升高，虫口密度增大，常造成平菇子实体原基及幼菇被菇蚊幼虫为害而造成大量减产，甚至栽培失败。菇蚊中普遍发生、为害较重的是眼菌蚊和嗜菇瘿蚊。多发生于通风不良、温度偏高、料面有积水的地方。

（一）眼菌蚊

1. 形态特征 幼虫蛆状，乳白色，半透明，头部黑色发亮，成熟幼虫体长5～6毫米，幼虫期11～14天，经4～5次蜕皮后化蛹；蛹初为白色，后渐成黄褐色，长2～2.5毫米；成虫为黄褐色小蚊，体长1.8～3.3毫米；卵为圆形或椭圆形，光滑，白色半透明（图6-1）。

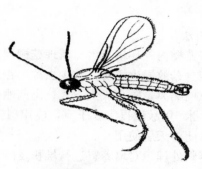

图 6-1 眼菌蚊

2. 生活习性 成虫有趋光性，活动性强，寿命一般为 3～5 天，在 13～20℃正常繁殖，完成 1 代需要 21～22 天，一年可发生多代，1 只成虫产卵 250 粒左右。3～5 天孵化成幼虫。

菇蚊成虫活跃，喜欢在料面及子实体上爬行，常栖息在菇房的墙壁、门、柱子，特别喜集聚于窗子上，成虫虽不直接咬食子实体，但它繁殖后代；传播平菇病害的病原菌，如平菇细菌性斑点病、细菌性软腐病等。此外，它还携带螨虫，为害平菇。

3. 为害特点 幼虫蛀食培养料、菌丝和子实体，破坏菌丝原基分化。幼虫蛀食菇蕾及幼小子实体的基部，并顺其菌柄向上蛀食，形成许多孔状隧道。笔者曾在一丛菌盖直径为 0.7～1.1 厘米的幼小子实体的基部及菌柄中挑出 500 多条幼虫，平菇被害菇蕾和幼小子实体逐渐萎黄，不再长大，根部呈海绵状或蜂窝状。由于幼虫的大量繁殖为害，取食菇柄基部附着的菌丝，切断了子实体的营养来源，从而造成幼菇成批死亡。因此，抓好菇蚊的综合防治，是平菇安全生产的重要一环。

4. 防治方法

(1) 搞好菇棚内外环境卫生 清理菇棚周边的废菌棒及老旧菌棒，减少菇蚊滋生场所，减少虫源；在通风口、通风孔处安装防虫网隔离，防止成虫飞入；出菇棚使用前要彻底消毒，每 100 米^2 用敌敌畏 1.5 千克，或用硫黄（5 克/米^3）多点熏蒸，密闭 2 天后使用。

(2) 培养料处理 对培养料进行堆积发酵，装袋后高温灭菌、灭虫卵，效果最佳。

(3) 诱杀 利用眼菌蚊成虫的趋光性和趋味性，在菇棚安装黑光灯或白炽灯灯下放一盆废菇液，盆内加几滴敌敌畏或松节油，诱集成虫并杀死；在出菇早期，在棚内悬挂黄板，将成虫粘在黄板上杀死，可有效抑制成虫数量，降低繁殖速度。

(4) 药剂防治 成虫发生较重时，在出菇间歇期间，用药剂防治，可喷 0.1% 的鱼藤精或 150～200 倍的除虫菊酯或溴氰菊酯等低毒农药，主要喷洒在棚顶、床架、地面上为主；有蘑菇时千万不能用药。

（二）嗜菇瘿蚊

1. 形态特征 幼虫蛆状，头部不发达；有性繁殖的幼虫，初为乳白色，老熟后为米黄色或橘红色，体长 2.3～2.5 毫米；无性繁殖的幼虫，老熟后与有性繁殖的类似。成虫极微小，体长 1.1 毫米，头胸为黑色，腹部及足为橘红色，头小，复眼大（图 6-2）。

2. 生活习性 幼虫可由卵孵化，也可由母虫胎生，一条母虫可产 20 余条幼虫，在 25℃ 恒温条件下 3～4 天可繁殖一代，条件适宜时这种胎生繁殖可连续进行，短期内虫口数量猛增，造成严重危害。成虫有趋光性，活动性强，寿命一般为 1～2 天。

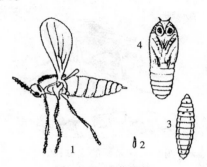

图 6-2　嗜菇瘿蚊
1. 雌成虫　2. 卵　3. 幼虫　4. 蛹

3. 为害特点　幼虫蛀食培养料、菌丝和子实体，使菌丝衰退，菇蕾枯死，破坏菌丝原基分化；也常大量聚集在菌盖与菌柄交界处及菌褶中取食，留下许多伤痕及条纹斑，并排出粪便，污染子实体，严重影响蘑菇品质。

4. 防治方法　参照眼菌蚊的防治。

幼虫繁殖能力极强，发现幼虫要及早治疗，要"治早，治彻底"，生产过程经常检查及时发现、及时扑灭。也可在适当时期停止喷水并通风，使料面干燥，幼虫即停止繁殖和缺水死亡。

二、菇蝇

主要是蚤蝇，又名菇蝇、粪蝇、菇蛆，除为害平菇外，还为害双孢菇、银耳、木耳等。

1. 形态特征　幼虫为白色半透明小蛆，头尖，黑色，尾钝，在培养料深处化蛹；蛹初为白色，后变棕褐色；成虫小，黑色或黑褐色，弓背形，触角短，头小，复眼大，腿很发达（图 6－3）。

图 6－3　蚤蝇的成虫和幼虫

2. 生活习性　成虫白天活动，行动迅速，不易捕捉。24℃时，完成生活史需 14 天，13～16℃下，需 40～45 天。

3. 为害持点　幼虫的为害同眼菌蚊。成虫不直接为害，但会携带大量的病原孢子和线虫、螨类，是病害的传播媒介。

4. 防治方法　参照眼菌蚊的防治。

三、螨虫

螨类属于节肢动物门，蛛形纲，蜱螨目，是食用菌害虫的主要类群，统称菌螨，又叫菌虱、菌蜘蛛。螨类繁殖力极强，一旦侵入，为害极大。菌种制作以及平菇、双孢菇、草菇、香菇等栽培过程中都可能会发生菌螨为害。

螨类可以直接取食菌丝，造成接种后不发菌，或发菌后出现"退菌"现象；在子实体生长阶段，菌螨可造成菇蕾死亡，子实体萎缩或成为畸形菇、破残菇，严重时，子实体上上下下全被菌螨覆盖，污损子实体，影响产品品质和加工质量。它们还为害仓贮的干制菇、耳。菌螨还会携带病菌，传播病害。

螨类个体很小，成螨体长仅 0.3～0.8 毫米，分散时难发现，需在放大镜或显微镜下观察。螨类喜温暖湿润环境，在 18～30℃、湿度大的栽培场所最容易引起螨类为害。螨类主要通过培养料、菌种或蚊蝇类害虫的传播进入菇房（图6-4）。

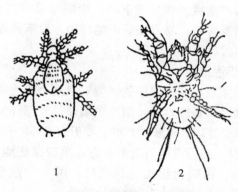

图6-4 蒲螨和粉螨
1. 蒲螨背面 2. 粉螨腹面

为害食用菌的螨类很多，其中以蒲螨类和粉螨类的为害最为普遍和严重。

（一）蒲螨

蒲螨体形微小，扁平、长圆至椭圆形，淡黄色或深褐色，刚毛较短。蒲螨行动较慢，喜群体生活，多在料面或子实体上集中成团，类似"土粉"散落状。

蒲螨是整个食用菌螨类中最为重要的类群，严重影响产量和品质，一旦侵入，几天内能毁灭瓶、袋或菌床上的全部菌丝，造成绝收。

（二）粉螨

粉螨体形较大，肉眼可见，体柔软，乳白色，卵圆形，体表覆盖长刚毛，爬行较快，不成团，常群集在菌床表面，数量多时呈粉状，故称粉螨。

菌种制作时，粉螨可以通过棉塞侵入到菌种中，使菌种成品率下降。粉螨侵害菇床或栽培袋时，取食菌丝体和子实体，均造成严重减产和品质下降；粉螨是重要的仓库害螨，食用菌干品受害后，易霉变而不能食用。粉螨还能使人全身奇痒，产生过敏反应。

（三）防治措施

①培养室及出菇室周围的环境要卫生　要远离培养料仓库、饲料间及禽畜棚舍等，防止菌螨通过外部环境侵入。

②培养料处理　发酵时，堆温要升高到 58～60℃ 至少维持 5～6 小时，提倡进行后发酵处理，可较彻底地杀灭螨类；当料温升高，菌螨受热爬到料面时，用 50% 敌敌畏 800～1 000 倍液或 73% 克螨特 1 500 倍液喷杀。

③出菇室消毒　出菇室应经常保持洁净，使用前每 100 米^3 空间用 1 千克敌敌畏和 1 千克福尔马林进行密闭熏蒸，杀虫灭菌，杜绝虫源。

④菌种检查　要严格检查菌种，避免菌种带螨。可用放大镜检查瓶口周围，发现菌螨的菌种切不可使用，需用高温杀灭后废弃；其余尚未发现菌螨的菌种，需在播前一、二天将棉塞蘸一下 50% 敌敌畏药液，并立即塞好，以熏蒸杀死菌螨。

⑤发菌期药剂防治　发菌期间，如发现菌丝有萎缩现象，需用放大镜仔细检查，发现菌螨后要及时喷药杀灭，喷

药宜在室温较高、菌螨多集中在料面时进行。可用 0.5％的敌敌畏全面喷洒料面、床架、墙壁及地面，密闭熏蒸 18 小时；如仍有菌螨，需在菇床及其周围再喷 1 次敌敌畏，但每次用药量不宜过大，一般不超过 450 克/米^2，至多喷 2～3 次，以免引起药害。双孢菇菇床上一旦发生菌螨，需在覆土前彻底杀灭。

　　⑥诱杀法防治　菌螨为害较轻时，可利用糖醋液或肉骨头诱杀。螨类对肉香特别敏感，可在菇床上分散放置一些新鲜肉骨头，待菌螨聚集到骨头上后，将骨头投入开水中杀死菌螨，骨头捞起后继续使用。双孢菇覆土层有菌螨为害时，可用糖醋药液诱杀，即用醋 3 份、糖 2 份、白酒 0.5 份、敌敌畏 0.5 份、水 4 份配制而成，调合均匀后，将纱布在药液内浸透，盖在覆土层上，待菌螨聚集到纱布上后，放进沸水中杀死；纱布拧干后再继续使用，逐渐将菌螨全部杀灭。

　　⑦出菇期防治　子实体生长期不可喷药，为害较轻时，可用诱杀法防治，或将一潮菇全部采收后处理；如菌螨为害严重，可停止出菇管理，用敌敌畏密闭熏蒸菇房。

第七讲

平菇的包装、储藏、加工技术

平菇多以鲜食为主，但当生产出现季节性产品过剩，销售出现困难时，可以考虑采取简单的加工、包装，以利保持食用菌品质及延后销售，减少损失。

专题一 包装、储藏

平菇菌盖较脆，装卸及运输过程中易受挤压破碎，严重影响产品品质，采收后应放在一定的包装箱内，便于运输及销售，常用的有泡沫包装箱，规格为：55厘米×40厘米×15厘米，可以保证平菇在运输过程中完好无损。

食用菌子实体内含有大量的酶。在正常生长的子实体内，这些酶的作用呈现一种动态的平衡。子实体采收后，营养供给和温、湿度等环境条件的剧烈变化，采收过程中子实体受到伤害产生的伤口，都会打乱酶系作用的平衡，使子实体产生褐变以及某些特殊的不适宜食用的味道，直接影响子实体的商品价值和食用价值。

食用菌子实体采收后，由于外来营养的吸收受到阻断，其同化作用停止，但异化作用会快速增加，导致呼吸强度增强，干物质消耗加速，子实体营养成分降解加快，最终使风味和营养都会有很大的改变和降低。

子实体采收时会受到不同程度的损伤，导致细胞内容物外泄，成为其他微生物的营养成分；采收后子实体抵御其他微生物的能力降低，这些都使得子实体很容易成为其他微生物侵袭的对象，使得子实体品质和质量的下降。

食用菌的冷藏技术就是在接近或略高于食用菌产品冻结的温度条件下，将食用菌产品进行保藏的一种有效技术。冷藏技术的关键是冷藏温度高低的控制，要保证子实体在不冻结的前提下，尽量降低贮藏温度，延长保鲜时间。冷藏技术的理论基础就是，子实体的酶系活力在低温条件下降低，呼吸强度下降，环境中微生物的活动受到抑制，从而实现食用菌产品的保鲜。

一般小宗的食用菌产品，可在常温条件下迅速完成拣选、切根、分级包装等过程，再统一进行预冷和冷藏。大宗食用菌产品的冷藏保鲜，整个加工时间较长，需要在预冷后的低温环境下，进行拣选、切根、分级和包装等过程。一般平菇较好的冷藏温度为 0～6℃，空气相对湿度为 85%～90%。

专题二　初级加工技术

食用菌产品的初级加工，就是在加工过程中以及从加工的产品的外观形态特征中，仍能保持或者识别食用菌的种类的加工方法。初级加工技术比较简单，所需设备也可以有多种层次。食用菌初级加工既可以家庭作坊式小规模分散生产，也可以工厂化大规模集约化生产。食用菌产品的初级加工技术主要有盐渍技术、糖渍技术、干制技术、罐藏技术和速冻加工技术。

一、盐渍

食用菌盐渍加工，就是将食用菌子实体经挑选，去除劣质、霉烂或者产生病虫害的子实体后，对食用菌预煮（杀青），再用一定浓度的盐水浸泡，从而最大限度地保持子实体的营养价值与商品价值。

盐渍加工保藏食用菌，主要是利用高盐溶液的渗透压，增加菇体细胞膜的渗透性，使子实体细胞的自由水大大减少，细胞的生理生化反应因缺少自由水，不同程度地减弱甚至终止，相应地就减少或终止了诸如酶促褐变等生化反应。

食用菌子实体保存环境中自由水的减少，使微生物生长所需的水分，难以完全保证供应，微生物生长受到抑制。盐渍加工的食用菌产品含盐量可达 25％，可以产生 15 198.38 千帕的压力，远远超过一般微生物的细胞渗透压，致使微生物不但无法从盐渍产品中吸取营养物质而生长繁殖，而且还能使微生物细胞内的水分外渗，造成"生理干燥"，使微生物处于休眠或死亡状态。这是盐渍加工品得以较长时间保藏的主要原因。一般地说，10％的盐液即可使微生物的生长繁殖受到抑制。但在食用菌的盐渍加工中，没有蔬菜腌渍加工中的乳酸发酵过程，不会产生具有防腐作用的酸类。同时，菇类盐渍加工中很少使用食品防腐添加剂，所以盐液浓度一般在 22％左右。

食用菌盐渍加工的工艺流程基本一致，但因种类不同，其加工工艺要求及加工方法略有差异（图 7-1）。

二、糖渍

食用菌糖渍，就是利用高浓度糖溶液产生高渗透压，析

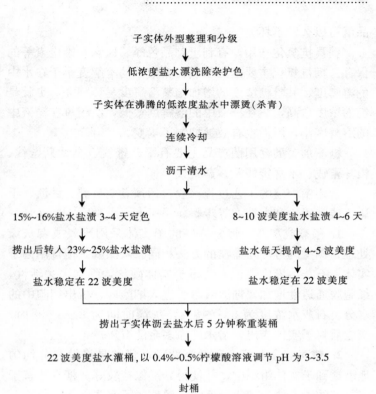

子实体外型整理和分级

↓

低浓度盐水漂洗除杂护色

↓

子实体在沸腾的低浓度盐水中漂烫(杀青)

↓

连续冷却

↓

沥干清水

↓

15%~16%盐水盐渍 3~4 天定色　　　　8~10 波美度盐水盐渍 4~6 天

↓　　　　　　　　　　　　　　　↓

捞出后转入 23%~25%盐水盐渍　　　盐水每天提高 4~5 波美度

↓　　　　　　　　　　　　　　　↓

盐水稳定在 22 波美度　　　　　　　盐水稳定在 22 波美度

↓

捞出子实体沥去盐水后 5 分钟称重装桶

↓

22 波美度盐水灌桶，以 0.4%~0.5%柠檬酸溶液调节 pH 为 3~3.5

↓

封桶

图 7-1　盐渍工艺流程

出子实体的大量水分，使制成品具有较高的渗透压，微生物在这种高渗透压的食品中无法获得它所需要的营养物质，而且微生物细胞原生质会因脱水收缩而处于生理干燥状态，所以无法活动。虽然不会使微生物死亡，但也迫使其处于假死状态，达到保存制成品的目的。食用菌的糖制品含糖量必须达到 65％以上，才能有效地抑制微生物的作用。只要糖制品不接触空气、不受潮，其含糖量不会因吸潮而稀释，糖制品就可以久贮不坏。

糖具抗氧化作用，有利于制品色泽、风味和维生素等的保存。糖抗氧化主要是由于氧在糖液中的溶解度小于在水中的溶解度，并且糖浓度的增加与氧溶解度呈负相关，也就是糖的浓度愈高，氧在糖液中的溶解度愈低，由于氧在糖液中的溶解度小，因而也有效地抑制了褐变。

糖渍加工的食用菌产品主要有平菇蜜饯、金针菇蜜饯、银耳蜜饯、木耳蜜饯及香菇蜜饯等。

食用菌糖渍的工艺过程一般包括预煮或灰漂、糖渍、干燥（或蜜置）和上糖衣等步骤。

1. 预煮或灰漂　将分拣好的子实体采用预煮或者灰漂处理，预煮的方法与盐渍的方法相同。灰漂就是把食用菌子实体在石灰溶液中浸泡，使得子实体硬化，细胞失去活性，细胞膜通透性增加，糖溶液易于进入细胞内，析出细胞中的水分。石灰水浓度为 5‰～8‰，灰漂时间为 8～12 小时。灰漂后将子实体捞出，清水洗净多余的石灰。

2. 糖渍　分为糖煮和糖腌两种，目的是将糖充分均匀地渗透到子实体组织中，并使得菇形保持较好。糖煮适宜于较坚实的子实体，糖腌则适宜于较软的子实体。

糖煮可将子实体先加糖浸渍，糖度为 38 波美度，10～24 小时后过滤。滤液加糖调节糖度至 38 波美度后，再将糖浸渍过的子实体倒入，继续浸渍或者煮沸一段时间，然后捞出沥干。糖煮也可以先将 60% 糖浓度的糖液煮沸，然后倒入子实体，煮制时间为 1～2 小时，中间加砂糖或糖浆 4～6次，以补充糖液浓度。当糖溶液浓度达到 60% 取出，连同糖液一起放入容器浸渍 48 小时，捞出沥干。

糖腌是在糖制过程中不需加热，糖腌期间，分期加糖，逐步提高糖的浓度。糖腌时间长，不及用糖煮方法进行糖渍的速度快。

糖渍多选用蔗糖，常用的还有淀粉糖浆和转化糖等。

3. 干燥 用烘灶或者烘房烘干。干燥时，温度维持在55～60℃直至烘干。整个过程要通风排湿3～5次，并注意调换烘盘位置。烘烤时间为12～24小时，烘干的终点一般根据经验，以手摸产品表面不黏手为止。

4. 蜜置 有的糖渍蜜饯糖制后不经过干燥，直接装入容器中，以一定浓度的糖溶液浸渍蜜置。

5. 上糖衣 如制作糖衣"脯饯"，最后就要上糖衣。就是将新做好的过饱和糖液浇在脯饯的表面，或者将脯饯在饱和糖液中浸渍一下后取出冷却，糖液就在产品的表面凝结形成一层晶亮的糖衣薄膜。

三、干制技术

新鲜食用菌经过自然干燥或人工干燥，使含水量减少到13％以下，称为食用菌干制。

食用菌干制亦称烘干、干燥、脱水等，是在自然条件或人工条件下使菇体中水分蒸发的一种既经济又大众化的加工方法。干制设备可简可繁，生产技术易掌握；可就地取材、就地加工；干制品耐贮藏，不易腐败变质。

现在多将平菇、秀珍菇及香菇脱水、干燥后配上其他调味品，制成不同口味的蘑菇脆片，风味非常好，深受市场欢迎，并可以大大提高食用菌生产效益。

四、罐藏技术

食用菌罐头加工有利于开发和利用食用菌资源，长期而稳定地提供经久耐藏、携带方便、营养丰富、食用卫生的食用菌食品。

罐藏食用菌产品能较长时间保藏的原理主要有2条：一是密封的罐藏容器隔绝了外界的空气和各种微生物。二是密闭在容器里的食用菌产品经过杀菌处理，罐内微生物的营养体被完全杀死，幸存下来的极少数微生物孢子如果是好气性的，也由于罐内一定的真空缺氧环境而无法活动。但当其是厌气性的时，罐藏品仍有变质的危险。一般来说，罐藏食用菌产品的保藏期限是2年。

食用菌罐藏的主要工艺流程为：原料验收→护色装运→漂洗→预煮（漂烫）→冷却→修整、分级→装罐、注汁→排气密封→杀菌→冷却→质量检验→包装、贮存。

排气是指罐头密封前或密封时将罐内空气排除掉，使罐内产生部分真空状态。这样可以防止杀菌时罐头变形、爆裂及玻璃罐跳盖，防止残存的好气性细菌在罐内生长以及因氧气的存在而导致维生素损失和食品色、香、味劣变及罐壁的腐蚀。一般在注入汤汁后，应迅速加热排气或抽气密封。

密封是指食用菌产品与外界隔绝，不致再受外界空气中微生物污染而引起腐败。严格密封十分重要，否则不能长期保存食品。

在保证罐头安全贮藏的前提下，应尽可能地降低杀菌温度和缩短杀菌时间，宜采用高温瞬时杀菌。杀菌结束要立即冷却，以防余热继续影响产品的营养。一般冷却以淋水滚动冷却为好，冷却水应保持清洁。玻璃罐冷却时应分不同温度阶段降温，每阶段相差20℃，以防破损。高压杀菌后采用反压冷却方式较好，是指在杀菌锅内采用压缩空气或反压水冷却，不仅冷却速度快，还可防止罐盖突角，减少次残品率。反压冷却时，进入杀菌锅的冷却水压力以稍高于杀菌锅内压力即可，不可太高，以免冲力太大造成瘪罐。但采用反压冷却，则应考虑适当延长杀菌时间。

在罐头类食品中，金属罐和玻璃瓶是数量最多的包装容器，但近年来塑料薄膜及塑料金属复合薄膜蒸煮袋的出现，为软罐头食品生产提供了必要的条件。软罐头食品是采用聚酯、铝箔、聚烯烃等多层复合薄膜制成蒸煮袋，对经加工处理后的食用菌装袋、溶封、杀菌、冷却而制成的新型罐头产品。由于采用软质的包装材料，故称作软罐头食品。

软罐头食品与金属罐和玻璃瓶罐头相比，具有很多优势。例如软罐头容器重量轻、体积小，节省仓贮容积，贮存和运输方便；软罐头传热快，内含物受热面大，可缩短杀菌时间，故产品的色、香、味好，营养成分损失也较少，更接近于天然食品的风味；同时还具有易携带、易开启、食用方便等特点。

附录 1

食用菌菌种生产技术规程（NY/T 528—2002）

1 范围

本标准规定了各种食用菌各级菌种生产的生产场地、厂房设置和布局、设备设施、使用品种、生产工艺流程、技术要求和贮存运输要求。

本标准适用于各种各级食用菌菌种生产。

2 规范性引用文件

下列文件中的条款通过本标准的引用而成为本标准的条款。凡是注日期的引用文件，其随后所有的修改单（不包括勘误的内容）或修订版均不适用于本标准，然而，鼓励根据本标准达成协议的各方研究是否可使用这些文件的最新版本。凡是不注日期的引用文件，其最新版本适用于本标准。

GB 4789.28—1994 食品卫生微生物学检验 染色法、培养基和试剂

GB 9687—1988 食品包装用聚乙烯成型品卫生标准

GB 9688—1988 食品包装用聚丙烯成型品卫生标准

3 术语和定义

下列术语和定义适用于本标准。

3.1 品种 strain

经各种方法分离、诱变、杂交、筛选而选育出来具特异

性、均一（一致）性和稳定性的具有同一个祖先的群体。也常称作菌株或品系。

3.2 菌种 pure culture

经人工培养并可供进一步繁殖或栽培使用的食用菌菌丝纯培养物，包括母种、原种和栽培种。

3.3 母种 stock culture

经各种方法选育得到的具有结实性的菌丝体纯培养物及其继代培养物，以玻璃试管为培养容器和使用单位，也称一级种、试管种。

3.4 原种 pre-cultures pawn

由母种移植、扩大培养而成的菌丝体纯培养物。常以玻璃菌种瓶或塑料菌种瓶或 15cm×28cm 聚丙烯塑料袋为容器。

3.5 栽培种 spawn

由原种移植、扩大培养而成的菌丝体纯培养物。常以玻璃瓶、塑料瓶或塑料袋为容器。栽培种只能用于栽培，不可再次扩大繁殖菌种。

3.6 种木 wood-pieces

木塞种用的具一定形状和大小的木质颗粒，也称种粒。

3.7 固体培养基 solid medium

以富含木质纤维素或淀粉类天然碳源物质为主要原料，填加适量的有机氮源和无机盐类，具一定水分含量的培养基。常用的主要原料有木屑、棉子壳、秸秆、麦粒、谷粒、玉米粒等，常用的有机氮源有麦数、米糠等，常用的无机盐类有硫酸钙、硫酸镁、磷酸二氢钾等。固体培养基包括以阔叶树木屑为主要原料的木屑培养基、以草本植物为主要原料的草料培养基、以禾谷类种子为主要原料的谷粒培养基、以腐熟料为原料的粪草培养基，以种木为主要原料的木塞培养基。

3.8 种性 characters of strain

食用菌的品种特性，是鉴别食用菌菌种或品种优劣的重要标准之一。一般包括对温度、湿度、酸碱度、光线和氧气的要求，抗逆性、丰产性、出菇迟早、出菇潮数、栽培周期、商品质量及栽培习性等农艺性状。

4 技术要求

4.1 技术人员

菌种厂应有与菌种生产所需的相应专业技术人员。

4.2 场地选择

4.2.1 基本要求

地势高燥，通风良好。排水畅通，交通便利。

4.2.2 环境卫生要求

至少 300m 之内无禽畜舍，无垃圾（粪便）场，无污水和其他污染源（如大量扬尘的水泥厂、砖瓦厂、石灰厂、木材加工厂等）。

4.3 厂房设计和布局

4.3.1 厂房设计和建造

有各自隔离的摊晒场、原材料库、配料分装室（场）、灭菌室、冷却室、接种室、培养室、贮存室、菌种检验室等。厂房建造从结构和功能上满足食用菌菌种生产的基本需要。

4.3.1.1 摊晒场

要求平坦高燥、通风良好，光照充足、空旷宽阔，远离火源。

4.3.1.2 原材料库

要求高燥、通风良好，防雨，远离火源。

4.3.1.3 配料分装室（场）

要求水电方便，空间充足。如安排在室外，应有天棚，防雨防晒。

4.3.1.4 灭菌室

要求水电安全方便，通风良好，空间充足，散热畅通。

4.3.1.5 冷却室

洁净、防尘、易散热。

4.3.1.6 接种室

要设缓冲间，防尘换气性能良好。内壁和屋顶光滑，经常清洗和消毒。做到空气洁净。

4.3.1.7 培养室和贮存室

内壁和屋顶光滑，便于清洗和消毒。培养室和贮存室墙壁要加厚，利于控温。

4.3.1.8 菌种检验室

水电方便，利于装备相应的检验设备和仪器。

4.3.2 布局

应按菌种生产工艺流程合理安排布局。

4.4 设备设施

4.4.1 门基本设备

磅秤、天平、高压灭菌锅或常压灭菌锅、净化工作台、接种箱、调温设备、除湿机、培养架、恒温箱、冰箱、显微镜等及常规用具，产量大的菌种厂还应配备搅拌机、装瓶装袋机。高压灭菌锅应使用经有关部门检验的安全合格产品。

4.4.2 基本设施

配料、分装、灭菌、冷却、接种、培养等各环节的设施规模要配套。冷却室、接种室、培养室和贮存室都要有调温设施。

4.5 使用品种

4.5.1 品种

应使用经省级以上农作物品种审定委员会登记的品种，并且清楚种性。不应使用来源和种性不清的菌种和生产性状未经系统试验验证的组织分离物作种源生产菌种。并从具相应技术资质的供种单位引种。

4.5.2 移植扩大

母种仅用于移植扩大原种，一支母种移植扩大原种不应超过 6 瓶（袋）；一瓶原种移植扩大栽培种不应超过 50 瓶（袋）。

4.6 生产工艺流程

培养基配制→分装→灭菌→冷却→接种→培养（检查）→成品。

4.7 生产过程中的技术要求

4.7.1 容器

4.7.1.1 母种

使用玻璃试管和棉塞，试管 18mm×180mm 或 20mm×200mm，棉塞要使用梳棉，不应使用脱脂棉。

4.7.1.2 原种

使用 650mL～750mL，耐 126℃高温的无色或近无色的玻璃菌种瓶，或 850mL 耐 126℃高温白色半透明符合 GB 9687 卫生规定的塑料菌种瓶，或 15 cm×28 cm 耐 126℃高温符合 GB 9688 卫生规定的聚丙烯塑料袋。各类容器都应使用棉塞，棉塞应符合 4.7.1.1 规定；也可用能满足滤菌和透气要求的无棉塑料盖代替棉塞。

4.7.1.3 栽培种

使用符合 4.7.1.2 规定的容器，也可使用≤17cm×35cm 耐 126℃高温符合 GB 9688 卫生规定的聚丙烯塑料袋。各类容器都应使用棉塞或无棉塑料盖，并符合 4.7.1.2 规定。

4.7.2 培养原料

4.7.2.1 化学试剂类

这类原料如硫酸镁、磷酸二氢钾等，要使用化学纯级试剂。

4.7.2.2 生物制剂和天然材料类

生物制剂如酵母粉和蛋白胨，天然材料如木屑、棉籽壳、麦麸等，要求新鲜、无虫、无霉、洁净干燥。

4.7.3 培养基配方

4.7.3.1 母种培养基

一般使用附录 A 中第 A.1 章规定的马铃薯葡萄糖琼脂培养基（PDA）或第 A.2 章规定的综合马铃薯葡萄糖琼脂培养基（CPDA），特殊种类需加入其生长所需特殊物质，如酵母粉、蛋白胨、麦芽汁、麦芽糖等，但不应过富。严格掌握 pH。

4.7.3.2 原种和栽培种培养基

根据当地原料资源和所生产品种的要求，使用适宜的培养基配方（见附录 B），严格掌握含水量和 pH。

4.7.4 分装

母种培养基的分装量掌握在试管长度的四分之一至五分之一，灭菌后摆放成的斜面顶端距试管口不少于 50mm，原种和栽培种培养基装至距瓶（袋）口不少于 60mm，灭菌后不少于 45mm。棉塞大小松紧要适度。原种和栽培种培养基的松紧度要一致。

4.7.5 灭菌

母种的培养基配制分装后应立即灭菌；原种和栽培种培养基配制后应在 4h 内进锅灭菌。母种培养基灭菌 0.11MPa～0.12MPa，30min；木屑培养基和草料培养基灭菌 0.12MPa，1.5h 或 0.14MPa～0.15MPa，1h；谷粒培养基、粪草培养基和木塞培养基灭菌 0.14MPa～0.15MPa，2.5h。装容量较大时，灭菌时间要适当延长。灭菌完毕后，应自然降压，不应强制降压。常压灭菌时，在 2h 之内使灭菌室温度达到 100℃，保持 100℃ 8 h～10h。母种培养基、原种培养基、谷粒培养基、粪草培养基和木塞培养基，应高压灭菌，不应常压灭菌。灭菌时应防止棉塞被冷凝水打湿。

4.7.6 灭菌效果的检查

母种培养基置于 28℃ 恒温培养，原种和栽培种培养基经无菌操作接种于 GB4789.28—1994 中 4.8 规定的营养肉汤培养基中，于 28℃ 恒温培养，48 h 后检查，无微生物长出的为灭菌合格。

4.7.7 冷却

冷却室使用前要进行清洁和除尘处理。地面铺消毒过的塑料薄膜后，将灭菌后的原种瓶（袋）或栽培种瓶（袋）放置在冷却室中冷却到料温降至适宜温度。

4.7.8 接种

4.7.8.1 接种室（箱）的基本处理程序

清洁→搬入接种物和被接种物→接种室（箱）的消毒处理。

4.7.8.2 接种室（箱）的消毒方法

用药物消毒并用紫外灯照射。

4.7.8.3　净化工作台的消毒处理方法

先用 75 ％酒精或新洁尔灭溶液进行表面擦拭消毒，然后预净 20min。

4.7.8.4　接种操作

在无菌室（箱）或净化工作台上严格按无菌操作接种。接种完成后及时贴好标签。

4.7.8.5　接种室（箱）后处理

接种室每次使用后，要及时清理清洁，排除废气，清除废物，台面要用 75％酒精或新洁尔灭溶液擦拭消毒。

4.7.9　培养室处理

在使用培养室的前两天，采用药物消毒。

4.7.10　培养条件

根据培养物的不同生长要求，给予其适宜的培养温度（多在 22℃～28℃），保持空气相对湿度在 75％以下，通风，避光。

4.7.11　培养期的检查

各级菌种培养期间应定期检查，及时拣出不合格菌种。

4.7.12　入库

完成培养的菌种要及时登记入库。

4.7.13　记录

生产各环节应详细记录。

4.7.14　留样

各级菌种都应留样备查，留样的数量应以每个批号母种 3 支～5 支，原种和栽培种 5 瓶～7 瓶（袋），于 4℃～6℃下贮存，贮存至使用者在正常生产条件下该批菌种出第一潮菇（耳）。

附 录 A

（规范性附录）

母种常用培养基及其配方

A.1 PDA 培养基（马铃薯葡萄糖琼脂培养基）

马铃薯 200 g（用浸出汁），葡萄糖 20 g，琼脂 20 g，水 1 000mL，pH 自然。

A.2 CPDA 培养基（综合马铃薯葡萄糖琼脂培养基）

马铃薯 200g（用浸出汁），葡萄糖 20g，磷酸二氢钾 2g，硫酸镁 0.5g，琼脂 20g，水 1 000mL，pH 自然。

附 录 B

（规范性附录）

原种和栽培种常用培养基配方及其适用种类

B.1 以木屑为主料的培养基配方

见 B.1.1、B.1.2、B.1.3，适用于香菇、黑木耳、毛木耳、平菇、金针菇、滑菇、鸡腿菇、真姬菇等多数木腐菌类。

B.1.1 阔叶树木屑 78%，麦麸 20%，糖 1%，石膏 1%，含水量 58%±2%。

B.1.2 阔叶树木屑 63%，棉籽壳 15%，麦麸 20%，糖 1%，石膏 1%，含水量 58%±2%。

B.1.3 阔叶树木屑 63%，玉米芯粉 15%，麦麸 20%，糖 1%，石膏 1%，含水量 58%±2%。

B.2 以棉籽壳为主料的培养基

见 B.2.1、B.2.2、B.2.3、B.2.4，适用于黑木耳、毛木耳、金针菇、滑菇、真姬菇、杨树菇、鸡腿菇、侧耳属等多数木腐菌类。

B.2.1 棉籽壳 99%，石膏 1%，含水量 60%±2%。

B.2.2 棉籽壳 84%～89%，麦麸 10%～15%，石膏 1%，含水量 60%±2%。

B.2.3 棉籽壳 54%～69%，玉米芯 20%～30%，麦麸 10%～15%，石膏 1%，含水量 60%±2%。

B.2.4 棉籽壳 54%～69%，阔叶树木屑 20%～30%，麦麸 10%～15%，石膏 1%，含水量 60%±2%。

B.3 以棉籽壳或稻草为主料的培养基

见 6.3.1、6.3.2、6.3.3，适用于草菇。

B.3.1 棉籽壳 99%，石灰 1%，含水量 68%±2%。

B.3.2 棉籽壳 84%～89%，麦麸 10%～15%，石灰 1%，含水量 68%±2%。

B.3.3 棉籽壳 44%，碎稻草 40%，麦数 15%，石灰 1%，含水量 68%±2%。

B.4 腐熟料培养基

适用于双孢蘑菇、大肥菇、姬松茸等蘑菇属的种类。

B.4.1 腐熟麦秸或稻草（干）77%，腐熟牛粪粉（干）20%，石青粉 1%，碳酸钙 2%，含水量 62%±1%，pH 7.5。

B.4.2 腐熟棉籽壳（干）97％，石青粉1％，碳酸钙2％，含水量55％±1％，pH 7.5。

B.5 谷粒培养基

小麦、谷子、玉米或高粱97％～98％，石膏2％～3％，含水量50％±1％，适用于双孢蘑菇、大肥菇、姬松茸等蘑菇属的种类，也可用于侧耳属各种和金针菇的原种。

B.6 以种木为主料的培养基

阔叶木种木70％～75％，附录 B.1.1 配方的培养基25％～30％。

附录2

平菇菌种（GB 19172—2003）

1 范围

本标准规定了平菇（*Pleurotus ostreatus*）菌种的质量要求、试验方法、检验规则及标签、标志、包装、贮运等。

本标准适用于侧耳属（*Pleurotus*）的平菇（*Pleurotus ostreatus*）菌种，也适用于该属的紫孢侧耳（*Pleurotus sapidus*）、小平菇（*Pleurotus cornucopiae*）、凤尾菇（*Pleurotus pulmonariuss*）、佛罗里达平菇（*Pleurotus florida*）的生产、流通和使用。

2 规范性引用文件

下列文件中的条款通过本标准的引用而成为本标准的条款。凡是注日期的引用文件，其随后所有的修改单（不包括勘误的内容）或修订版均不适于本标准，然而，鼓励根据本标准达成协议的各方研究是否可使用这些文件的最新版本。凡是不注日期的引用文件，其最新版本适用于本标准。

GB/T 191 包装储运图示标志（GB/T 191—2000，egv ISO 780：1997）

GB/T 4789.28 食品卫生微生物学检验染色法、培养基和试剂

GB/T 12728—1991 食用菌术语

NY/T 528—2002 食用菌菌种生产技术规程

3　术语和定义

下列术语和定义适用于本标准。

3.1　母种 stock cultuer

经各种方法选育得到的具有结实性的菌丝体纯培养物及其继代培养物，以玻璃试管为培养容器和使用单位，也称一级种、试管种。

[NY/T 528—2002，定义 3.3]

3.2　原种 per-cultures pawn

由母种移植、扩大培养而成的菌丝体纯培养物。常以玻璃菌种瓶或塑料菌种瓶或 15cm×28cm 聚丙烯塑料袋为容器。

[NY/T 528—2002，定义 3.4]

3.3　栽培种 spawn

由原种移植、扩大培养而成的菌丝体纯培养物。常以玻璃瓶或塑料袋为容器。栽培种只能用于栽培，不可再次扩大繁殖菌种。

[NY/T 528—2002，定义 3.5]

3.4　颉颃现象 antagonism

具有不同遗传基因的菌落间产生不生长区带或形成不同形式线行边缘的现象。

3.5　角变 sector

因菌丝体局部变异或感染病毒而导致菌丝变细、生长缓慢、菌丝体表面特征成角状异常的现象。

3.6　高温抑制线 high temperatured line

食用菌菌种在生产过程中受高温的不良影响，培养物出现的圈状发黄、发暗或菌丝变稀弱的现象。

3.7 生物学效率 biological efficiency

单位数量培养料的干物质与所培养产生出的子实体或菌丝体干重之间的比率。

[GB/T 12728—1991，定义 2.1.20]

3.8 种性 characters of variety

食用菌的品种特性是鉴别食用菌菌种或品种优劣的重要标准之一。一般包括对温度、湿度、酸碱度、光线和氧气的要求，抗逆性、丰产性、出菇迟早、出菇潮数、栽培周期、商品质量及栽培习性等农艺性状。

[NY/T 528—2002，定义 3.8]

4 质量要求

4.1 母种

4.1.1 容器规格应符合 NY/T 528—2002 中 4.7.1.1 规定。

4.1.2 感官要求应符合表 1 规定。

表 1 母种感官要求

项　目	要　求
容器	完整
无损棉塞或无棉塑料盖	干燥、洁净、松紧适度，能满足透气和滤菌要求
培养基灌入量	试管总容积的四分之一至五分之一
斜面长度	顶端距棉塞 40mm～50mm
接种块大小（接种量）	（3～5）mm×（3～5）mm

（续）

项 目		要 求
菌种外观	菌丝生长量	长满斜面
	菌丝体特征	洁白、浓密、旺健、棉毛状
	菌丝体表面	均匀、舒展平整、无角变
	菌丝分泌物	无
	菌落边缘	整齐
	杂菌菌落	无
斜面背面外观		培养基不干缩，颜色均匀、无暗斑、无色素
气味		有平菇菌种特有的清香味，无酸、臭、霉等异味

4.1.3 微生物学要求应符合表 2 规定。

表 2 母种微生物学要求

项目	要求
菌丝生长状态	粗壮、丰满、均匀
锁状联合	有
杂菌	无

4.1.4 菌丝生长速度：在 PDA 培养基上，在适温（25℃±2℃）下，6 天～8 天长满斜面。

4.1.5 母种栽培性状：供种单位所供母种需经出菇试验确证农艺性状和商品性状等种性合格后，方可用于扩大繁殖或出售。产量性状在正常条件下生物学效率应不低于 10%。

4.2 原种

4.2.1 容器规格应符合 NY/T528—2002 中 4.7.1.2

规定。

4.2.2 感官要求应符合表 3 规定。

表 3　原种感官要求

项　　目		要　　　　求
容器		完整，无损
棉塞或无棉塑料盖		干燥、洁净，松紧适度，能满足透气和滤菌要求
培养基上表面距瓶（袋）口的距离		50mm±5mm
接种量（每支母种接原种数，接种物大小）		（4～6）瓶（袋），≥12mm×15mm
菌种外观	菌丝生长量	长满容器
	菌丝体特征	洁白浓密、生长旺健
	培养物表面菌丝体	生长均匀，无角变，无高温抑制线
	培养基及菌丝体	紧贴瓶壁，无干缩
	培养物表面分泌物	无，允许有少量无色或浅黄色水珠
	杂菌菌落	无
	颉颃现象	无
	子实体原基	无
气味		有平菇菌种特有的清香味，无酸、臭、霉等异味

4.2.3 微生物学要求应符合表 2 规定。

4.2.4 菌丝生长速度：在适宜培养基上，在适温（25℃±2℃）下，25 天～30 天长满容器。

4.3 栽培种

4.3.1 容器规格应符合 NY/T 528—2002 中 4.7.1.3 规定。

4.3.2 感官要求应符合表4规定。

表4 栽培种感官要求

项　目		要　求
容器		完整，无损
棉塞或无棉塑料盖		干燥、洁净，松紧适度，满足透气和滤菌要求
培养基上表面距瓶（袋）口的距离		50mm±5mm
接种量〔每瓶（袋）原种接栽培种数〕		（30～50）瓶（袋）
菌种外观	菌丝生长量	长满容器
	菌丝体特征	洁白浓密，生长旺健，饱满
	不同部位菌丝体	生长均匀，色泽一致，无角变，无高温抑制线
	培养基及菌丝体	紧贴瓶（袋）壁，无干缩
	培养物表面分泌物	无，允许有少量无色或浅黄色水珠
	杂菌菌落	无
	颉颃现象	无
	子实体原基	允许少量，出现原基总量≤5％
气味		有平菇菌种特有的清香味，无酸、臭、霉等异味

4.3.3 微生物学要求应符合表2规定。

4.3.4 菌丝生长速度：在适温（25℃±2℃）下，在谷粒培养基上菌丝长满瓶应（15±2）天，长满袋应（20±2）天；在其他培养基上长满瓶应20天～25天，长满袋应30天～35天。

5 抽样

5.1 质检部门的抽样应具有代表性

5.2 母种按品种、培养条件、接种时间分批编号，原

种、栽培种按菌种来源、制种方法和接种时间分批编号。按批随机抽取被检样品。

5.3 母种、原种、栽培种的抽样量分别为该批菌种量的 10%、5%、1%。但每批抽样数量不得少于 10 支（瓶、袋）；超过 10 支（瓶、袋）的，可进行两级抽样。

6 试验方法

6.1 感官检验

按表 5 逐项进行。

表 5 感官要求检验方法

检验项目	检验方法	检验项目		检验方法
容器	肉眼观察	接种量	母种、原种	肉眼观察、测量
			栽培种	检查生产记录
棉塞、无棉塑料盖	肉眼观察	培养基上表面距瓶（袋）口的距离		肉眼观察
母种培养基灌入量	肉眼观察	菌种外观各项（杂菌菌落除外）		肉眼观察
母种斜面长度	肉眼观察	杂菌菌落		肉眼观察，必要时用 5× 放大镜观察
母种斜面背面外观	肉眼观察	气味		鼻嗅

6.2 微生物学检验

6.2.1 表 2 中菌丝生长状态和锁状联合用放大倍数不低于 10×40 的光学显微镜对培养物的水封片进行观察，每一检样应观察不少于 50 个视野。

6.2.2 细菌检验：取少量疑有细菌污染的培养物，按无菌操作接种于 GB/T 4789.28 中 4.8 规定的营养肉汤培养液中，25℃～28℃振荡培养 1 天～2 天，观察培养液是否混浊。

培养液混浊，为有细菌污染；培养液澄清，为无细菌污染。

6.2.3 霉菌检验：取少量疑有霉菌污染的培养物，按无菌操作接种于 PDA 培养基（见附录 A 中 A.1）中，25℃～28℃培养 3 天～4 天，出现白色以外色泽的菌落或非平菇菌丝形态菌落的，或有异味者为霉菌污染物，必要时进行水封片镜检。

6.3 菌丝生长速度

6.3.1 母种：PDA 培养基，25℃±2℃培养，计算长满需天数。

6.3.2 原种和栽培种：按第 B.1、B.2、B.3、B.4 章中规定的配方任选其一，在 25℃±2℃培养，计算长满需天数。

6.4 母种栽培中农艺性状和商品性状

将被检母种制成原种。采用附录 C 规定的培养基配方，制作菌袋 45 个。接种后分三组（每组 15 袋）进行常规管理，根据表 6 所列项目，做好栽培记录，统计检验结果。同时将该母种的出发菌株设为对照，做同样处理。对比二者的检验结果，以时间计的检验项目中，被检母种的任何一项时间较对照菌株推迟五天以上（含五天）者，为不合格；产量显著低于对照菌株者，为不合格；菇体外观形态与对照明显不同或畸形者，为不合格。

表 6 母种栽培中农艺性状和商品性状检验记录

检验项目	检验结果	检验项目	检验结果
母种长满所需时间/天		总产/kg	
原种长满所需时间/天		平均单产/kg	
长满菌袋所需时间/天		生物学效率/（%）	
出第一潮菇所需时间/天		色泽、质地	
第一潮菇产量/kg		菇型	
第一潮菇生物学效率/（%）		菇盖直径、菌柄长短/mm	

6.5　留样

各级菌种都要留样备查，留样的数量应每个批号母种 3 支（瓶、袋）～5 支（瓶、袋），于 4℃～6℃下贮存，母种 5 个月，原种 4 个月，栽培种 2 个月。

7　检验规则

判定规则按质量要求进行。检验项目全部符合质量要求时，为合格菌种，其中任何一项不符合要求，均为不合格菌种。

8　标签、标志、包装、运输、贮存

8.1　标签、标志

8.1.1　产品标签

每支（瓶、袋）菌种必须贴有清晰注明以下要素的标签：

a）产品名称（如：平菇母种）；

b）品种名称（如：中蔬 10 号）；

c）生产单位（××菌种厂）；

d）接种日期（如：2002.××.××）；

e）执行标准。

8.1.2　包装标签

每箱菌种必须贴有清晰注明以下要素的包装标签：

a）产品名称、品种名称；

b）厂名、厂址、联系电话；

c）出厂日期；

d）保质期、贮存条件；

e）数量；

f）执行标准。

8.1.3 包装储运图示

按 GB/T 191 规定，应注明以下图示标志：

a）小心轻放标志；

b）防水、防潮、防冻标志；

c）防晒、防高温标志；

d）防止倒置标志；

e）防止重压标志。

8.2 包装

8.2.1 母种外包装采用木盒或有足够强度的纸材制作的纸箱，内部用棉花、碎纸、报纸等具有缓冲作用的轻质材料填满。

8.2.2 原种、栽培种：外包装采用有足够强度的纸材制作的纸箱，菌种之间用碎纸、报纸等具有缓冲作用的轻质材料填满。纸箱上部和底部用 8cm 宽的胶带封口，并用打包带捆扎两道，箱内附产品合格证书和使用说明（包括菌种种性、培养基配方及适用范围等）。

8.3 运输

8.3.1 不得与有毒物品混装。

8.3.2 气温达 30℃ 以上时，需用 2℃～20℃ 的冷藏车运输。

8.3.3 运输中必须有防震、防晒、防尘、防雨淋、防冻、防杂菌污染的措施。

8.4 贮存

8.4.1 母种在 5℃±1℃ 冰箱中贮存，贮存期不超过 90 天。

8.4.2 原种应尽快使用，在温度不超过 25℃、清洁、干燥通风（空气相对湿度 50%～70%），避光的室内存放谷粒种不超过 7 天，其余培养基的原种不超过 14 天。在

5℃±1℃下贮存，贮存期不超过 45 天。

8.4.3 栽培种应尽快使用，在温度不超过 25℃、清洁、通风、干燥（相对湿度 50%～70%），避光的室内存放谷粒种不超过 10 天，其余培养基的栽培种不超过 20 天。在 1℃～6℃下贮存时，贮存期不超过 45 天。

附　录　A

（规范性附录）

常用母种培养签及其配方

A.1　PDA 培养基
马铃薯 200g，葡萄糖 20g，琼脂 20g。

A.2　CPDA 培养基
马铃薯 200g，葡萄糖 20g，磷酸二氢钾 2g，硫酸镁 0.5g，琼脂 20g。

附　录　B

（规范性附录）

常用原种和栽培种培养基及其配方

B.1　谷粒培养基
小麦、谷子、玉米或高粱 98%，石膏 2%，含水量

50%±1%。

B.2 棉籽壳麦麸培养基

棉籽壳 84%，麦麸 15%，石膏 1%，含水量 60% ±2%。

B.3 棉籽壳培养基

棉籽壳 100%，含水量 62%±2%。

B.4 木屑培养基

阔叶树木屑 79%，麦麸 20%，石膏 1%，含水量 60% ±2%。

附　录　C

（规范性附录）

常用栽培性状检验用培养基

棉籽壳 98%，石灰 2%，含水量 60%±2%。

附录 3

无公害食用菌　平菇生产技术规程
（DB11/T 252—2004）

1　范围

本标准规定了无公害食用菌平菇的生产技术要求。

本标准适用于无公害食用菌平菇的生产。

2　规范性引用文件

下列文件中的条款通过本标准的引用而成为本标准的条款。凡是注日期的引用文件，其随后所有的修改单（不包括勘误的内容）或修订版均不适用于本标准，然而，鼓励根据本标准达成协议的各方研究是否可使用这些文件的最新版本。凡是不注日期的引用文件，其最新版本适用于本标准。

GB 4285　农药安全使用标准

GB 5749　生活饮用水标准

GB/T 8321　农药合理使用准则

GB 15618　土壤环境质量标准

NY 5010　无公害食品　蔬菜产地环境条件

NY 5099　无公害食品　食用菌栽培基质安全技术要求

3 术语和定义

下列术语和定义适用于本标准。

3.1 播种

生料和发酵料栽培中的接种操作。

4 产地环境

4.1 生产场地

生产场地应符合 NY 5010 的规定，并应清洁卫生、地势平坦、排灌方便，有饮用水源。栽培场地周边 5km 以内无化学污染源；100m 内无集市、水泥厂、石灰厂、木材加工厂等扬尘源；50m 之内无禽畜舍、垃圾场和死水池塘等危害食用菌的病虫源滋生地；距公路主干线 200m 以上。

4.2 栽培场所〔菇房（棚）〕

各类温室、拱棚等和园艺设施均可用作菇房（棚）；夏季要搭建荫棚。应配备调节温度和光线的草帘、草苫、遮阳网等，通风处和房门安装窗纱防虫。要求通风良好、可密闭。

5 栽培技术

5.1 场所前处理

5.1.1 清洁整理

菇房（棚）使用前应清洁整理，清除杂物、杂草等，温室和拱棚要平整土地，以利排灌。

5.1.2 灭虫和消毒

5.1.2.1 清洁整理后进行灭虫和消毒。

5.1.2.2 灭虫可使用的农药和使用浓度：

a）90％敌百虫晶体 800 倍液喷雾；

b）2.5％溴氰菊酯乳油 1 500 倍～2 500 倍液喷雾；

c）20％氰戊菊酯乳油 2 000 倍～4 000 倍液喷雾。

5.1.2.3　施药后密闭 48h～72h。

5.1.2.4　新菇房使用前 1d～3d 地面撒一薄层石灰粉进行场所消毒；老菇房用硫黄熏蒸或使用气雾消毒盒进行消毒。

5.1.2.5　需要灌水增湿的场所要先灌水，后行灭虫和消毒处理。

5.2　培养料及其处理

5.2.1　培养料

主料、辅料和添加剂符合 NY 5099 规定，水符合 GB 5749 规定。

5.2.2　配方及其处理

5.2.2.1　生料栽培

棉籽壳 97％～99％，生石灰 1％～3％，50％多菌灵粉剂 2‰或 25％多菌灵粉剂 4‰，含水量 58％～62％。加水搅拌前，将生石灰均匀撒在棉籽壳上，搅拌 3min 左右。干料搅拌均匀后加水搅拌至含水量 40％～50％，待培养料吸水 1h～2h 后，将多菌灵溶于水中喷洒搅拌至含水量适宜。除高温季节外，搅拌均匀后可直接使用，进行生料栽培。

5.2.2.2　发酵料栽培

5.2.2.2.1　常用配方为：

a）棉籽壳 60％，玉米芯 25％，麦麸或米糠 10％，玉米粉 3％，石膏 1％，石灰 1％，含水量 60％～65％；

b）玉米芯 50％，棉籽壳 30％，麦麸或米糠 15％，玉米粉 3％，石膏 1％，石灰 1％，含水量 60％～65％；

c) 阔叶木屑 80％，麦麸或米糠 15％，玉米粉 3％，石膏 1％，石灰 1％，含水量 60％～65％。

5.2.2.2.2　含水量的掌握根据季节温度而定，低温季节高些，高温季节低些。

5.2.2.2.3　发酵方法：

a) 将配方中原料搅拌均匀，建堆。建堆前将堆底用透气性好的材料垫起，堆成宽 1.0m～1.5m、高 1.0m～1.3m、长度不限的料堆。

b) 用直径 10cm 的木棍在料堆上插孔通气，孔间隔 20cm。

c) 覆盖塑料薄膜或草帘保温。

d) 发酵过程中严防雨淋。当温度上升至 55℃开始计时，维持 55℃～65℃24h 后翻堆。翻堆时使料堆内外交换，再上堆，如含水量不足可加石灰水调节，温度再上升至 55℃时，计时，维持 55℃～65℃24h，加入石灰以调节培养料的酸碱度至 pH7.5～pH8.5。

e) 散堆降温。温度降至 28℃即可播种。

5.2.2.3　**热料栽培**

5.2.2.3.1　常用配方为：

a) 棉籽壳 81％，麦麸或米糠 15％，玉米粉 3％，生石灰 1％，含水量 62％～65％；

b) 棉籽壳 60％，玉米芯 20％，麦麸或米糠 15％，玉米粉 3％，石膏 1％，石灰 1％，含水量 62％～65％；

c) 玉米芯 45％，棉籽壳 30％，麦麸或米糠 20％，玉米粉 3％，石膏 1％，石灰 1％，含水量 62％～65％；

d) 阔叶木屑 80％，麦麸或米糠 15％，玉米粉 3％，石膏 1％，石灰 1％，含水量 62％～65％。

5.2.2.3.2　按配方和含水量搅拌均匀后，分装于低压聚乙烯塑料袋中，盛于筐内，筐装 100℃常压蒸汽灭菌 8h～10h；或搅拌均匀后堆积发酵 24h～48h，然后分装，筐装 100℃常压蒸气灭菌 3h～4h。

5.2.3　覆土

覆土符合 GB　15618　中对二级标准值的规定。

5.3　分装、播种和接种

5.3.1　分装容器

5.3.1.1　生料和发酵料栽培

普通聚乙烯塑料筒，规格为 17cm～24cm 折径，长 40cm～55cm。

5.3.1.2　熟料栽培

低压聚乙烯袋，规格为 17cm～20cm 折径，长 35cm～45cm，厚 0.04mm。

5.3.2　培养料温度

28℃以下。

5.3.3　播种和接种方式

5.3.3.1　播种

生料和发酵料栽培采用层播，采用四层菌种三层料或三层菌种两层料。边装料边播种，表层菌种量要多，以布满料面为准。播种量为干料重的 15%～20%。

5.3.3.2　接种

熟料栽培时，灭菌后要在洁净条件下整筐冷却，料温降至 30℃以下后，按无菌操作接种，接种量以布满料面为准。

5.4　发菌期管理

5.4.1　温度

保持菇房内温度 18℃～26℃，控制料温低于 33℃。料温超过 33℃时，应采取疏散、通风等降温措施。

5.4.2　空气相对湿度

60%～80%。

5.4.3　光照强度

除检查和操作外，保持黑暗或暗光。

5.4.4　通风

加强通风换气，二氧化碳浓度在 0.1% 以下。

5.5　催蕾

当菌丝长满培养料后地面灌水，夜间拉开覆盖物，加大昼夜温差，使昼夜温差达到 10℃左右，刺激子实体原基形成和分化，形成菇蕾，即催蕾。

5.5.1　温度

根据季节和栽培品种的不同，控制菇房温度在适宜范围。夏季白天应控制在 26℃以下，其他季节控制在 12℃～23℃。

5.5.2　湿度

出菇期料含水量应保持在 60%～70%、空气相对湿度控制在 85%～95%。

5.5.3　通风

加强通风换气，使二氧化碳浓度在 0.1% 以下。

5.5.4　光照强度

光照强度 50 Lx ～600Lx。

5.6　采收

及时采收。采收前喷细雾提高菇房大气湿度，菇体上少量喷水，随即通风，采收。采收人员应戴口罩防止孢子过敏。

5.6.1　清洁整理

采菇后要及时清理菇根、死菇等残留物。

5.6.2　养菌

5.6.2.1　补水

出过一、两潮菇后要及时补水，补水至原料重的80％～90％。

5.6.2.2　覆土

出过二、三潮菇后，脱袋，平放于地面，覆盖 1cm～2cm 左右潮湿的壤土，或码成菌墙，在菌袋间隙填土。

5.7　场所后处理

5.7.1　出菇结束后，菇房要及时处理，及时清除废弃培养料并运离产地，清洁后进行灭虫处理，方法按 5.1.2 执行。灭虫处理后，通风干燥直至下次使用。

5.7.2　废弃培养料就近临时堆放时要喷洒菊酯类杀虫剂进行表面灭虫处理。

6　病虫害防治

6.1　原则

应贯彻"预防为主，综合防治"的植保方针，优先使用农业防治和物理防治措施。出菇期尽可能不使用化学农药。在必须使用时，做到：

a）使用安全药剂，合理用药，使用低毒低残留的农药，用药符合 GB 4285 和 GB/T 8321 的相关规定；

b）对环境进行药物处理，药物不直接接触菌丝体和菇体；

c）将菇体全部采收后施药；

d）残留期满后再行催蕾出菇；

e）秋季和春末，菇房（棚）外围定期灭虫，减少虫源。

6.2　综合防治措施

a) 使用抗性强丰产的优良品种；

b) 应用低湿、低温、通风、低氮、清洁、石灰处理等综合防霉防细菌性病害；

c) 黑光灯或毒饵诱杀害虫；

d) 搞好环境卫生，栽培场地和周围环境定期消毒灭虫，污染袋实施封闭式清除并进行灭活处理或运至远离菇房；

e) 管理好通风门窗，防止外来虫源进入。

6.3　药剂防治

6.3.1　防治菌蝇和菌蚊可用的农药和使用浓度

采菇后可施药。可施用的农药和使用浓度为：

a) 1.8%阿维菌素 1 800 倍～2 500 倍液喷洒；

b) 2.5%溴氰菊酯乳油 1 000 倍～2 000 倍液喷洒；

c) 20%氰戊菊酯乳油 2 000 倍～3 000 倍液喷洒。

6.3.2　施药时机

应在采菇后施药。

6.3.3　施药后处理

化学药剂施用后要密闭、暗光培养，创造利于菌丝生长不利于子实体形成的环境条件，一周后，再行催蕾技术管理。

主 要 参 考 文 献

蔡衍山，吕作舟，蔡耿新．2003．食用菌无公害生产技术手册［M］．
　北京：中国农业出版社．
王贺祥．2008．食用菌栽培学［M］．北京：中国农业大学出版社．